海上风电工程安质环管理丛书

海上风电工程
一站式安健环管控指引

中广核工程有限公司　组编

中国电力出版社
CHINA ELECTRIC POWER PRESS

内容提要

　　本书是海上风电工程风险管控的实用型工具书，是中广核工程有限公司在海上风电工程现场安全管理实践的重要成果，填补了海上风电工程系统性安全管控要求的空白，对现阶段海上风电工程风险管控有较强的借鉴意义。

　　本书共 27 章，以海上风电工程风险管理为核心，以"一体化"管理为出发点，以"风险管控矩阵和角色分工"为架构，以"安全投入模型"为保障，以"领导带班、区域责任制、高风险作业管控、隐患排查"为四项基本安全制度，聚焦人员管控、船机设备管控、作业风险管控、环境管控、应急管控，通过现场实践进行持续校验，通过国际标杆建设进行持续改进。

图书在版编目（CIP）数据

海上风电工程一站式安健环管控指引/中广核工程有限公司组编. —北京：中国电力出版社，2023.9
（海上风电工程安质环管理丛书）

ISBN 978-7-5198-8037-8

Ⅰ．①海… Ⅱ．①中… Ⅲ．①海上－风力发电－电力工程－安全管理 Ⅳ．①TM62

中国国家版本馆 CIP 数据核字（2023）第 143229 号

出版发行：中国电力出版社
地　　址：北京市东城区北京站西街 19 号（邮政编码 100005）
网　　址：http://www.cepp.sgcc.com.cn
责任编辑：孙建英（010-63412369）　董艳荣
责任校对：黄　蓓　马　宁
装帧设计：赵姗姗
责任印制：吴　迪

印　　刷：三河市万龙印装有限公司
版　　次：2023 年 9 月第一版
印　　次：2023 年 9 月北京第一次印刷
开　　本：787 毫米×1092 毫米　16 开本
印　　张：17.25
字　　数：390 千字
印　　数：0001—1000 册
定　　价：105.00 元

丛书编委会

主　　任　郝　坚
副 主 任　宁小平　乔恩举　杨亚璋
委　　员　秦雁枫　张　征　顾海明　冯春平　刘以亮
　　　　　张新明　陈晓义　魏　鹏　高　伟　司马星

本书编写组

主　　编　张新明
副 主 编　王　硕
参编人员（按姓氏笔画为序）
　　　　　王　东　刘士宝　李　昕　李　雷　李松海
　　　　　张四军　林晓东　胡秀坤　段宗辉　徐民杰
　　　　　高章玉　彭小方　魏鸿敏
审核人员（按姓氏笔画为序）
　　　　　丁　毅　孙　斌　任伊秋　刘　军　刘　青
　　　　　刘安云　苏　成　苏　磊　杨国辉　谷世航
　　　　　沈传伟　尚会刚　易宇航　胡　安　柳　强
　　　　　聂　鹏　贾真庸　钱　舟　葛荣礼　韩书印
　　　　　翟巴菁

前言

党的二十大报告指出，要积极稳妥推进碳达峰碳中和，深入推进能源革命，加快规划建设新型能源体系，加强能源产供储销体系建设，确保能源安全。这些重大战略部署为以核电、风电为代表的清洁能源获得长期稳定的发展机遇提供了更加广阔的政策前景。而海上风电作为近年来快速兴起的风电技术形式，其资源丰富、发电利用小时高、不占用土地和适宜大规模开发等特点，在较短的时间内得到了地方政府的高度关注和青睐，也成为电力企业竞相争夺的热点领域，在过去的五年取得了爆发式的发展，累计装机容量达到 3051 万 kW，为我国能源清洁绿色低碳转型做出了突出贡献。

同时我们也看到，海上风电工程是在多变的海洋气象条件下，以各类工程船舶为施工作业平台，进行高频率的大吨位吊装作业、高频次的潜水作业、高频数的自升式平台桩腿插拔作业等多种高风险作业叠加的海洋工程。未来海上风电建设走向深水远海是必然趋势，技术更新迭代快、风机大型化给工程建设和安质环管理带来更加严峻的挑战。但相关单位作业风险管控经验不足，行业内可借鉴的管理经验有限。在这样的背景下，建设一套适用于海上风电工程的安质环管理体系，促进海上风电工程业务健康、安全、高质量发展，具有较强的现实意义和社会价值。

中广核工程有限公司是中国广核集团旗下从事以核电为主的工程建设管理专业化公司，是我国第一家核电建设管理专业化 AE 公司。自成立以来，始终坚持"安全第一、质量第一、追求卓越"的基本原则，立足于核电工程建设，并积极拓展海上风电等高端复杂系统工程建设，建立形成了一整套基于核安全的安质环管理体系。公司自 2018 年进入海上风电业务以来，全面借鉴核电工程现场安质环管理经验和核电工程国际标杆建设良好实践，并结合海上风电工程特点，深入落实五部委"关于加强海上风电项目安全风险防控工作的意见"，深入践行"严慎细实"工作作风，对标先进、主动谋划，形成以风险管理为核心并具有中广核特色实践经验的海上风电工程安质环管理体系。

我们将五年来在海上风电工程建设中不断探索、总结、积累的实践、经验与成果汇编整理成《海上风电工程安质环管理丛书》，从根本上解决了参建单位要求不一、执行不一的难题，取得了良好的安质环业绩，为海上风电工程的安质环管理提供中广核解决方案，为海上风电行业提供了可借鉴的管理经验。

本丛书共分为五个分册，其中《海上风电工程一站式安健环管控指引》是风险分级管控的具象化体现，以海上风电工程总承包方的视角系统性介绍如何实施安健环管控；《海上风电工程隐患排查指引》系统性汇编了主要风险对应的隐患排查表，严格落实重大安全风险"一票否决"制度，树立"隐患就是事故"的观念，各参建单位可直接参考并应用于现场隐患排查和治理；《海上风电工程质量管控指引》包含了设计、采购、施工、调试等各阶段质量管控要求，可用于指导现场质量管控活动；《海上风电工程现场标准化图集》规范了施工现场安全管理标准化，进而推动海上风电建设产业链各单位安全生产管理的规范化和标准化进程，有利于各参建单位统一认识、统一标准、统一行动；《海上风电工程风险源辨识指引》明确了现场施工作业活动的风险源和管控措施，践行施工工序与安全工序相融合的理念，各参建单位可对照后应用于现场风险管控。

为更好地服务海上风电产业安全健康发展，现将本丛书付梓出版，因项目各有特点，难免挂一漏万，不当之处敬请各位同行专家批评斧正。

中广核工程有限公司将始终坚持以习近平新时代中国特色社会主义思想为指导，统筹发展与安全，坚持"人民至上、生命至上"，始终坚持"安全质量是立身之本"，坚持以躬身入局的政治担当、以命运与共的社会责任，持续完善具有中广核特色的海上风电工程安质环管理体系，为我国海上风电安质环管理和高质量发展贡献绵薄之力。

董事长

2023 年 6 月 20 日

目　录

1

概　　述

1.1 目　　的

打造一体化、标准化的海上风电工程 HSE［健康（Health）、安全（Safety）、环境（Environment）］管控要求，确保安全、稳定和可靠地建设海上风电。

1.2 适 用 范 围

适用于海上风电建设项目的 HSE 管控。

1.3 定　　义

发包人：按招标文件或合同中约定，具有项目发包主体资格和支付合同价款能力的当事人或者取得该当事人资格的合法继承人。

承包人：按照合同约定，被发包人接受的具有项目承包主体资格的当事人，以及取得该当事人资格的合法继承人。

分包人：承担项目的部分工程或服务并具有相应资格的当事人。

相关方：能够影响决策或活动、受决策或活动影响，或感觉自身受到决策或活动影响的个人或组织。

海上风电项目部：在发包人法定代表人授权和支持下，为实现项目目标，由项目经理组建并领导的项目管理组织。

1.4 策　　划

海上风电工程一站式安健环管控指引按照"后台统一策划、前台全力执行"的原则，以"可执行、可持续、可验证"为建设方向，传承核电安健环管理经验，对标先进 ISRS（国际安全与可持续发展评级系统）、主动谋划，以海风风险管理为核心实施策划。

1.5　说　　明

　　本指引结合工程实践和现行法规、标准进行编制，是海上风电工程建设安健环管理的工具书。如海上风电行业伙伴参考使用，请结合自身管理模式和海上风电工程项目的特点，并以最新法规、标准为准。

2

目　　标

2.1　总　目　标

通过 HSE 管理，使工程安全事故及其对环境造成的不利影响降低到合理、可行、尽可能低的水平，保护和提高以员工为核心的生产力，使 HSE 管理成为支撑和保障发包人战略定位和高效发展的核心竞争力和业界认可的金字品牌。

2.2　追求的目标

发包人不遗余力地追求在海上风电项目部业务范围内的所有活动杜绝表 2-1 中所列事故，并为之不断努力。

表 2-1　　　　　　　　　　　　事故目录及目标定义

序号	目标	目标定义
安全目标		
1	不发生损工事件	因工作受伤，导致人员无法返回岗位从事次日正常班次的工作（不论次日是否工作日），损失工时为 1～2 个工作日
2	不发生火险事件	已发生的情况可能导致消防事件，但未发生的情况
3	不发生海上交通安全事故	海上交通安全事故含碰撞事故、搁浅事故、触礁事故、触碰事故、浪损事故、火灾/爆炸事故、风灾事故、自沉事故、操作性污染事故
4	不发生治安保卫事件	在工作场所发生散布谣言、谎报警情、投放虚假爆炸性等危险物质、扬言实施防火、爆炸或者以其他方法故意扰乱公共秩序、侵犯人身权利或者盗抢公司财物等违反国家治安管理处罚法的事件
质量目标		
5	不发生一般质量事故	造成直接经济损失人民币 100 万元及以上，1000 万元以下
6	不发生一般财产损失事件	一般财产损失事件：直接经济损失超过 100 万的事件
健康目标		
7	不发生集体食物中毒事故	食物中毒事故：就餐人员 5 人及以上同时就医，医院诊断为食物引发病症，且导致人员死亡或重伤的事故

序号	目标	目标定义
8	不发生职业健康处罚事件	职业健康：指在从事职业活动中因接触有毒有害因素造成，或可能造成人员身体健康损害的事件和影响公众身体健康的公共卫生事件
环境目标		
9	不发生一般环境异常事件	满足以下任一条件的事件： （1）环境在线监测设备设施发生故障后无等效监测方法和数据的，或年度在线监测系统可用率小于90%的； （2）第三方环境检测机构定期出具的检测报告中多次发现环境质量因子或污染物排放因子存在超标，且证实为本单位原因导致的； （3）企业自行监测发现连续3天或月度累计7天以上存在监测因子超标，未及时处置导致超标废水或废气持续排入外环境的； （4）危险废物在收集、储存、转移、处置等环节因管理和处置不当造成部分有毒有害物质泄漏扩散，引起公众投诉、环保主管部门介入调查并被认定存在违规行为的； （5）危险化学品在运输、储存、转移和使用环节因管理和处置不当造成部分有毒有害物质泄漏扩散，引起公众投诉、环保主管部门介入调查并被认定存在违规行为的； （6）海上风电、船舶、码头设施或运输车辆等发生漏油事故，因油污处置不当引起公众投诉、海洋主管部门介入调查并被认定存在违规行为的； （7）涉环保相关执照文件被省部级以下政府主管部门发现较大质量问题被退回或被通报批评等产生不良影响的； （8）报省部级以下生态环境主管部门审批的建设项目，环境影响评价文件未获批复即开工建设的； （9）报生态环境主管部门审批的建设项目，建成运行后超过1年仍未完成竣工环境保护验收，且证实为本单位原因导致的
管理目标		
10	不发生迟报、谎报、瞒报未遂及以上安质环事件	
11	不发生受到政府行政处罚或负面通报的HSE事件	海上风电项目受到政府行政执法机关处罚的环境污染事件

发包人每年度组织开展 HSE 管理评审，设定年度 HSE 目标，并将年度目标逐层分解，明确实现年度目标的主要管理措施。同时通过签订 HSE 考核责任书，对各部门、各海上风电项目及承包人的管理活动进行监督。

2.3 监 控 指 标

为实现海上风电各项目 HSE 目标，建立年度 HSE 绩效监控指标，HSE 指标由一系列过程指标和结果指标组成。基于内外部审核及项目部 HSE 管理评审，发包人每年度回顾、调整和发布新的年度 HSE 指标。

采用的过程指标包括，但不限于表 2-2 所列。

表 2-2　　　　　　　　　　　　过　程　指　标

序号	分类	指　　　标	目标值
1	安全	坚守底线：不发生违反红线的事件	0
2		入场培训：三级安全教育按时完成率	100%
3		安全教育：HSE 培训年度计划完成率	>90%
4		人员控制：特种作业人员持证上岗率	100%
5		船机管控：船机设备入场验收覆盖率	100%
6		领导示范：管理人员年度现场巡视完成率	>90%
7		风险识别：作业安全分析覆盖率	100%
8		风险管控：高风险作业指导书使用率	100%
9		隐患排查： （1）发包人排查数量。 （2）隐患排查关闭率。 （3）承包人隐患排查与发包人隐患排查数量比	1 条/天/人 ≥98% 1.5 倍
10		监督检查：HSE 年度检查计划完成率	>95%
11	健康	健康体检：人员健康体检覆盖率	100%
12	环境	向海洋排放污染物、废弃物和船舶垃圾及其他有害物质次数	0
13	应急	应急演练：应急演练计划完成率	>90%
14	事件	事件调查整改项按期关闭率	>95%

发包人 HSE 绩效指标统计信息在各项目月会材料中公布，动态反映项目最新 HSE 绩效情况。各承包人 HSE 管理体系中应包含上述过程指标和结果指标，并按要求每月向各发包人 HSE 管理部门汇报绩效状况。

3

HSE 方针、管理理念与管理原则

发包人管理秉承 HSE 政策和管理理念，同时突出海上风电特色。

3.1 方　　针

职业健康和安全管理方针：安全第一、预防为主、遵守法规、保护员工。

环境管理方针：遵守法规、文明施工、节约资源、预防污染、持续改进、保护环境。

3.2 管理理念

（1）以人为本：一切活动皆以维护职工安全生产的合法权益为前提，在任何情况下，人的健康和安全总是放在第一位的。

（2）全员参与：安全生产和环境保护要求全员参与，人人有责，人人尽责，"人人都是一道安全屏障"。

（3）共同进步：实现发包人和承包人的大团队协作，共同实现 HSE 目标，共建和谐工程。

（4）HSE 无小事。

（5）HSE 永远是决策的第一要素。

（6）永远不在 HSE 上找借口。

（7）每个人对自己业务范围内的 HSE 工作负责。

（8）HSE 履职情况是提拔的前提条件。

（9）HSE 业绩是每个人的饭碗。

3.3 管理原则

1. "谁主管、谁负责"的原则

承包人项目经理及部门主管，对其管辖的单位和组织的 HSE 管理负领导责任，并不

海上风电工程一站式安健环管控指引　　　　　　　　　　续表

主要风险	管 控 措 施
（1）起重设备损坏	执行第14章《机械设备与施工工器具管控细则》，明确入场验收和过程检查标准，确保设备本体安全
（2）起重伤害	（1）执行第8章《风险分级管控和隐患排查治理制度》和第16章《海上作业风险管控》。 （2）执行附录1《海上高风险作业指导书》，确保隐患排查到位 （3）执行起重系列隐患排查标准
（3）淹溺	（1）执行第16章《海上作业风险管控》，对各工序风险进行管控，确保各工序安全 （2）执行《潜水作业指导书》，对各工序风险进行管控，规范潜水作业安全控制。
二、海缆敷设作业	
淹溺	（1）执行第16章《海上作业风险管控》，规范潜水作业安全控制。 （2）执行《潜水作业指导书》，对各工序风险进行管控，确保各工序安全
三、船舶航行、就位、作业、避风、锚泊作业	
海上交通安全	（1）执行第12章《船机技术性能比选及分级管控细则》，对于船机比选和分级管控做出明确要求，从源头上杜绝不符合要求的船机入场。 （2）执行第13章《船舶安全管控细则》，规范海上风电工程所有类型船舶入场控制、过程控制、作业控制、退场控制的要求。 （3）执行第16.4节海上交通安全保障方案》，规范征地红线内的船舶航行安全、作业安全、停泊安全，交通船从停泊点到作业船过程中的航行安全、停泊安全。规范船舶入场验收、船舶现场管理、通航安全、海上交通、海上通勤、海上作业、海上作业人员安全控制
自升式平台穿刺、桩腿折弯风险	执行第13章《船舶安全管控细则》，明确自升式平台入场管控、插拔桩管控、作业过程管控的具体要求
坐底式平台滑移、倾覆	执行第13章《船舶安全管控细则》，明确坐底式平台入场管控、下潜/起浮管控、作业过程管控的具体要求
	（1）强调主体责任落实，执行第5章《安全责任》。 （2）明确风险分级管控和隐患排查治理，执行第8章《风险分级管控和隐患排查治理制度》。 （3）加强作业风险标准化管控，执行第9章《作业危险分析》。 （4）加强人员入场关的把控，执行第11章《人员入场》。 （5）强化安全意识、安全技能的培养，执行第19章《安全培训》。 （6）强化违章行为的管控，执行第23章《停工令》和第27章《安全业绩考核与持续改进》
塔式起重机安装/拆除、塔式起重机作业、汽车起重机作业	执行第14章《机械设备与施工工器具管控细则》，明确入场验收和过程检查标准，确保设备本体安全 执行第16章《作业许可》，规范塔式起重机安装、拆除过程管控。 （1）执行第15章《作业许可》，规范塔式起重机安装、拆除过程管控。 （2）执行起重系列隐患排查标准

得将 HSE 业绩指标转移分解给组织内 HSE 独立监督部门。承包人（项目部）一把手最重要的工作之一是建立、培育和保持良好的"安全第一、预防为主、综合治理、源头化解重大安全风险"的文化氛围，并将其贯彻到具体工作决策和流程之中。

各责任区负责人是本区域 HSE 管理的直接责任人，对本区域内的 HSE 工作负直接责任。

承包人应严格执行"谁主管、谁负责"和"管生产必须管安全"的原则。

2. 属地管理原则

任何组织对其管辖范围内的 HSE 工作负有统一协调和监督管理的责任。

3. 过程管理原则

根据职责分工，各组织应对其所负责的专业工作流程的安全性负责，对输入下游工作流程的各要素的安全性负责。

4. 独立监管原则

根据《中华人民共和国安全生产法》的要求，发包人在项目现场设立独立的安健环管理部门，对工程 HSE 管理实施统一的专业指导、监督、评价和服务。

承包人应根据《中华人民共和国安全生产法》和合同的要求，设立本单位（项目部）的 HSE 专业监管组织并配备足够的专职 HSE 监管人员和兼职的 HSE 监管人员，对本单位的 HSE 管理实施专业指导、监督、评价和服务。HSE 专职管理人员应符合法律和合同规定的要求，经授权后持证上岗。

HSE 专业监管组织必须保持独立性，体现在 HSE 专业人员具有独立开展安全监管工作的权利，并不受任何个人或组织的控制；在有即刻风险的情况下，有权要求风险区域立即停止作业，并做好记录，同时通知生产管理部门进行整改；监管人员有权向项目总经理和单位的最高领导者直接报告 HSE 方面的缺陷或管理问题，并对 HSE 管理问题或事件、事故进行独立调查和分析；监管组织的预算以及人员的业绩考核由上一级直接管理部门考核，不受被监管机构或其他部门的控制。

5. 统一协调和管理原则

发包人对参与工程建设的所有单位（包括承包人）实施 HSE 统一协调管理；各承包人必须设立 HSE 管理部门并任命和授权项目 HSE 经理，承包人的 HSE 监管组织与海上风电项目部 HSE 管理部门接口。

各承包人在发包人的统一协调下，建立交叉作业现场或相互影响的活动的 HSE 协调机制。

6. 集体保护原则

在施工现场，区域责任人对本区域 HSE 负直接责任，对与之相邻的现场同时负有 HSE 协调和配合的责任，对与之相邻的公共区域负有提供警示和实体防护的责任。

7. HSE 参与和自我保护原则

所有相关方及人员都有责任参与 HSE 管理、报告 HSE 方面的不符合项或隐患、提出合理化建议，并做到"不伤害自己、不伤害他人、不被他人伤害、保护他人不被伤害"。

8. 应急准备和生命优先原则

各相关方应根据本指引的要求建立本组织的 HSE 应急救援机制；各承包人必须根据活动风险的特点建立应急响应组织、编制应急预案并开展培训和演练，购置符合要求的应急救援器材。

在事故抢险中，应遵循先救人的原则。

9. 透明报告和经验反馈原则

各组织应按照海上风电项目部要求及时、如实地报告 HSE 事件，不得谎报、漏报、迟报或隐瞒不报。发包人对 HSE 事故事件实施透明管理原则，即对轻伤以下事故（急救箱事件、医疗处置事件、限工事件）实行免考核的制度，但对谎报、漏报、迟报或隐瞒不报的，加重处罚。对工作区域内外的 HSE 事件，各级组织皆应进行经验反馈，吸取教训，杜绝重发。

4

风险管控矩阵和角色分工

4.1 目　　的

明确发包人、承包人需要做的 HSE 工作内容。

4.2 安全管理职责

根据《中华人民共和国安全生产法》《中华人民共和国环境保护法》《中华人民共和国特种设备安全法》《中华人民共和国消防法》《建设项目工程......人需落实的安全管理职责有：

（1）项目安全管理应进行危险源、职业健康、环境因素......安全管理、职业健康、环境保护计划，进行控制。

（2）建立、健全项目安全生产责任制。

（3）组织制定项目安全生产规章制度和操作规程。

（4）组织制定并实施项目安全生产教育和培训......

（5）保证项目安全生产投入的有效实施。

（6）督促、检查项目的安全生产工作，及......

（7）组织制定并实施项目的生产安全事......

（8）及时、如实报告项目生产安全事......

4.3 风险......

对风险进行分析，为使主要风险......落实管控措施，见表 4-1。

表 4-1

主要风险	
一、海上吊装作业【风电机...就位、风电机组安装】	

主要风险	
（1）风险...	
（2）自... 刺风险、... 险、倾覆风...	
（3）... 移、坐底式... 中拱搁浅... 风险	
四、人员行为...	
人员伤害	
五、陆上吊装作业【...】	
（1）起重设备损坏	
（2）起重伤害	

主要风险	管控措施
六、脚手架和作业平台	
（1）高处坠落	执行第17章《陆上集控中心现场安全管理》，规范脚手架和作业平台管理
（2）架体坍塌	（1）执行第17章《陆上集控中心现场安全管理》，规范脚手架和作业平台管理。 （2）执行第15章《作业许可》，加强脚手架搭设拆除的作业先决条件管控。 （3）执行脚手架隐患排查标准，深入脚手架隐患排查工作
七、高处作业（风电机组安装、屋面施工、临边作业等）	
高处坠落	（1）执行附录I《海上高风险作业指导书》，规范风电机组安装作业安全管控。 （2）执行第17章《陆上集控中心现场安全管理》。 （3）执行高处作业隐患排查标准，深入高处作业隐患排查工作
八、动火作业	
火灾、火险	（1）执行第15章《作业许可》，规范动火作业先决条件检查。 （2）执行动火作业隐患排查标准，深入动火作业安全检查工作
九、危险化学品	
火灾、爆炸	执行第17章《陆上集控中心现场安全管理》，规范危险化学品管控
十、受限空间	
窒息	（1）执行第17章《陆上集控中心现场安全管理》，明确受限空间登记备案制度。 （2）执行第15章《作业许可》，规范受限空间先决条件管控和过程管控
十一、恶劣天气	
海上交通安全、人身伤害、设备损坏、环境污染等	（1）执行第26章《应急管控规定》，规范海上风电工程应急范围、应急组织与职责、应急准备、应急预案、应急保障、应急响应。 （2）执行各海上风电项目《综合应急预案》《三防应急预案》、其他专项应急预案
十二、环境保护	
环境处罚风险	（1）执行第22章《环境保护规定》，规范环境保护管理要求。 （2）执行环境保护隐患排查标准，深入环境隐患排查工作
十三、职业健康	
职业危害	（1）执行第8章《风险分级管控和隐患排查治理制度》，规范职业健康风险辨识和管控。 （2）执行第21章《职业卫生和健康》，规范职业健康管控要求
十四、事件管理	
迟报、瞒报、谎报	执行第24章《事件管理》，明确海上风电项目报告层级和调查要求、反馈要求

主要风险	管 控 措 施
十五、承包人管理	
执行不到位	（1）执行本标准，规范人员培训与授权、安全投入与资源保障，明确对承包人的安全业绩考核、管理要求，黑名单制度、处罚标准，以促进上述管控措施落实到位。 （2）执行安全生产责任制，落实"一岗双责""管生产必须管安全""四项基本安全制度"，促进上述管控措施落实

4.4 角 色 分 工

按照现场主要风险，结合现场实际，对主要安全工作角色进行分工，见表 4-2。

表 4-2　　　　　　　　　　　角 色 分 工

工作	角色	主要分工	输出/记录
目标	发包人	（1）每年度组织开展分公司管理评审与规划，设定年度安健环目标。 （2）策划安健环考核责任书，组织与各海上风电项目部以及各部门签订。 （3）以月度为单位对海上风电项目部以及各部门进行考核并公示	（1）安健环目标。 （2）年度安健环考核责任书。 （3）月度会议材料
	各海上风电项目部	（1）由安健环管理部门牵头，制定发包人安健环考核责任书，将目标分解到各业务管理部门、各承包人。 （2）由安健环管理部门负责，代表海上风电项目部月度对各业务管理部门、各承包人进行绩效考核并公示	（1）年度安健环考核责任书。 （2）月度考核结果
	承包人	（1）承接海上风电项目部年度安健环目标，以安健环责任书的方式将其分解到各部门、业务管理部门、分包单位、船舶。 （2）以月度为单位对其进行考核并公示	（1）年度安健环考核责任书。 （2）月度安健环考核记录
安健环管理程序	发包人	建立、维护海上风电项目安健环管理程序	《安健环管理程序清单》及所有适用的安健环程序
	各海上风电项目部	（1）使用发包人制定的安健环管理程序，并根据实际使用情况反馈修订意见。修订意见由安健环管理部门汇总后统一反馈。 （2）如因客观原因，发现程序有遗漏，由安健环管理部门与分公司安健环管理部门沟通后，由海上风电项目部业务主管部门负责，编制专项控制细则并单独发布执行	根据现场实际编制的控制细则（如有）
	承包人	应根据法规、合同要求以及发包人管理要求，建立适用于本单位合同项目的安健环程序体系	承包人《安健环管理程序清单》及安健环程序

工作	角色	主要分工	输出/记录
安健环工作计划	发包人	制定发包人《年度安健环工作计划》，定期跟踪计划执行情况，并通报给相关方	（1）发包人《年度安健环工作计划》。 （2）计划执行跟踪表
	各海上风电项目部	由安健环管理部门牵头，制定项目部《年度安健环工作计划》，并收集各承包人意见，由项目经理批准。定期跟踪计划执行情况，并通报给相关方	（1）海上风电项目年度安健环工作计划。 （2）计划执行跟踪表
	承包人	承包人制定《年度安健环工作计划》，此计划需与发包人项目《年度安健环工作计划》相匹配，由项目经理批准。定期跟踪计划执行情况，并通报给相关方	（1）承包人《年度安健环工作计划》。 （2）计划执行跟踪表
安全组织与例会制度	发包人	以月度为单位与各海上风电项目部召开安健环工作例会	月度例会纪要
	各海上风电项目部	（1）设置专门的安健环管理部门。 （2）由安健环管理部门负责，对承包人安全管理人员的能力进行评价，有权更换承包人不合格的安全管理人员。 （3）安健环管理部门有权检查承包人与分包人的安健环接口关系是否符合要求，并进行相应处理。 （4）由安健环管理部门负责，以月度为单位与承包人建立沟通机制	（1）授权文件。 （2）由各海上风电项目部结合实际制定。 （3）无。 （4）月度例会纪要
	承包人	（1）设置专门的安全管理机构及设置专职安全管理人员。 （2）与海上风电项目部安健环部门、分包人建立安健环接口，应当以月度为单位建立沟通机制	（1）任命、资质报审文件。 （2）月度例会纪要
安健环委员会	发包人	每季度组织召开一次发包人安健环委员会工作会议	安健环委员会议纪要
	各海上风电项目部	各海上风电项目部安健环管理部门为各项目安健环委员会办公室常设机构，负责项目安健环委员会的日常事务工作，由安健环管理部门负责，每季度组织召开一次项目安健环委员会工作会议	安健环委员会议纪要
	承包人	每季度召开一次承包人的安健环委员会工作会议	安健环委员会议纪要
安健环责任	发包人	编制发包人《岗位安全生产责任制》，明确各岗位安全生产责任	发包人《安全生产责任制》
	各海上风电项目部	由安健环管理部门负责： （1）以"穷举法"落实岗位安全生产责任清单，并按照要求实施履责评价。 （2）承包人入场一周内，与其签订年度安全生产责任书	（1）岗位安健环责任清单。 （2）安健环责任书
	承包人	制定全员安全生产责任制和履责评价制度，并按制度执行落实	（1）安全生产责任制和履责评价制度。 （2）岗位安健环责任清单

续表

工作	角色	主要分工	输出/记录
区域网格化管理	发包人	建立《区域责任制》	区域责任制
	各海上风电项目部	（1）由业务管理部门经理明确区域管理责任人，由安健环管理部门明确区域安全监督责任人，由安健环管理部门定期更新发布《区域责任人信息表》。 （2）由业务管理部门区域管理责任人和安健环管理部门区域安全监督责任人负责，开展安全巡查（频次：陆上/1次/每个工作日，海上/1次/出海时），覆盖所有区域和所有作业时间。安健环管理部门有权监督业务管理部门安全巡查执行情况，并反馈给安全总监和项目经理	（1）区域责任信息分配表或现场区域责任人信息牌。 （2）检查标准记录或隐患排查记录
	承包人	（1）建立承包人区域责任制度。 （2）明确区域责任人和区域安全责任人。 （3）开展安全巡查（频次：陆上，1次/工作日，海上，1次/出海时），覆盖所有区域和所有作业时间	（1）区域责任制度或直接使用发包人规定。 （2）区域责任信息分配表或现场区域责任人信息牌。 （3）检查标准记录或隐患排查记录
法律法规	发包人	发布通用《海上风电项目安健环法律法规清单》	通用《海上风电项目安健环法律法规清单》
	各海上风电项目部	（1）由安健环管理部门组织，辨识本项目适用法律法规，形成本项目《法律法规清单》。 （2）所有参与隐患排查人员在日常管理工作中核查适用性安健环法律法规条款执行情况，发现问题及时反馈，由安健环管理部门负责，每年完成一份《合规性评价报告》	（1）本项目《法律法规清单》。 （2）《合规性评价报告》
	承包人	（1）编制承包人《法律法规清单》。 （2）在日常管理工作中核查适用性安健环法律法规条款执行情况，每年完成一份《合规性评价报告》	（1）承包人《法律法规清单》。 （2）《合规性评价报告》
风险分级管控	发包人	（1）制定海上风电风险评价矩阵。 （2）编制《海上高风险作业指导书》标准版。 （3）在专项检查时，核实各海上风电项目风险评价、分级管控执行情况	（1）风险分级管控和隐患排查治理程序。 （2）高风险作业指导书。 （3）检查记录
	各海上风电项目部	（1）由安健环管理部门统筹，各业务管理部门具体负责，编制《安健环风险辨识及评价清单》，报分公司安健环管理部门备案。 （2）由业务管理部门负责，落实《高风险作业指导书》并反馈执行过程中存在的问题，确保符合现场实际。 （3）由业务管理部门区域管理责任人和安健环管理部门区域安全监督责任人负责，监督承包人《安健环风险辨识及评价清单》编制情况和现场风险管控情况	（1）《安健环风险辨识及风险评价清单》。 （2）高风险作业指导书执行
	承包人	（1）建立风险分级管控和隐患排查治理制度。 （2）编制《安健环风险辨识及风险评价清单》并报送给海上风电项目部安健环管理部门。	（1）《安健环风险辨识及风险评价清单》。

工作	角色	主要分工	输出/记录
风险分级管控	承包人	（3）按照《安健环风险辨识及评价清单》落实各项管控措施。 （4）执行高风险作业指导书并向海上风电项目部反馈执行过程中存在的问题	（2）高风险作业指导书
隐患排查	发包人	（1）编制《海上风电工程隐患排查指引》。 （2）制定隐患分级标准。 （3）制定主题巡视制度	《海上风电工程隐患排查指引准》
	各海上风电项目部	（1）由安健环管理部门负责，编制矩阵式检查计划，并经项目经理审批后实施。矩阵式检查人员由业务管理部门区域管理责任人和安健环管理部门区域安全监督责任人组成，使用《海上风电工程隐患排查指引》开展隐患排查工作，并留存记录。 （2）由安健环管理部门组织，各业务管理部门配合，开展重大活动及节假日前隐患排查、事故类别隐患排查、复工前隐患排查等专项隐患排查。 （3）由项目经理室组织主题巡视，解决难点问题	（1）《矩阵式检查计划》《海上风电工程隐患排查指引》使用记录。 （2）《专项隐患排查整改通知单》。 （3）《主题巡视记录》
	承包人	（1）建立本单位隐患排查治理程序，并执行。 （2）对于海上风电项目部发现的隐患，在规定的整改期限内完成整改并回复。 （3）开展隐患排查，且月度隐患排查数量不能低于海上风电项目部的1.5倍。 （4）配合海上风电项目部开展主题巡视工作，确保难点问题、共性问题得到及时解决或反馈	（1）《隐患排查治理程序》。 （2）隐患整改回复记录。 （3）隐患排查记录
作业安全分析（JHA）	发包人	明确JHA分析流程	
	各海上风电项目部	由方案审核人负责，审查承包人报送的施工方案中必须有针对本方案的JHA。由区域管理责任人负责，监督JHA在作业前安全技术交底及在作业现场的落实	施工方案
	承包人	（1）组织施工负责人、施工班组、技术工程师等有关人员开展JHA编制工作。每一份施工方案中都必须有针对性的JHA分析。 （2）方案审批生效后，组织全体施工作业人员开展作业前安全技术交底，交底中需有JHA，并组织对JHA中各项风险防范措施在现场落实	施工方案、安全技术交底记录
开工条件检查	发包人	编制、修订开工条件检查标准	开工条件检查标准
	各海上风电项目部	由安健环管理部门组织，各业务管理部门分工负责，按照开工条件检查标准对承包人开工准备情况进行逐项核查	开工条件检查标准
	承包人	按照开工条件检查标准逐项落实管控要求并向海上风电项目部申报	开工条件检查标准
入场控制	发包人	（1）明确入场控制要求。 （2）组织编制《入场安全授权培训教材》。 （3）组织编制《船机技术性能比选及分级管控细则》	（1）入场报审资料要求。 （2）入场安全授权培训教材。 （3）船机技术性能比选及分级管控细则

工作	角色	主要分工	输出/记录
入场控制	各海上风电项目部	（1）由安健环管理部门负责，审核承包人人员入场报审资料。 （2）由业务管理部门负责，审核承包人设备入场报审资料。 （3）由安健环管理部门负责，组织入场安全授权培训并发放授权帽贴	（1）报审签字记录。 （2）入场安全授权培训
	承包人	向海上风电项目部报送人员入场、设备（含船舶）入场材料，由其审批同意后方能到现场作业	报审材料
船舶安全控制	发包人	（1）制定船舶安全控制细则。 （2）明确船舶隐患排查标准	（1）船舶安全控制细则。 （2）船舶隐患排查标准
	各海上风电项目部	（1）执行并反馈执行过程中存在的问题。 （2）入场验收：由业务管理部门组织，安健环管理部门参与，对船舶实施资料审核和现场状态审核。 （3）船舶检查：由业务管理部门负责，原则上以一个月为周期对自升式平台、坐底式平台、起重船、海缆敷设船等主力施工船、交通船使用隐患排查标准进行安全检查。 （4）应急管理。 1）由安健环管理部门负责，针对主要风险制定应急预案并组织有关人员培训，将应急处置措施制作成应变部署卡交驻船工程师随身携带。 2）由业务管理部门区域管理责任人、安健环管理部门区域安全监督责任人负责，参与应急演练	（1）《自升式平台插拔桩作业风险控制单》《插拔桩记录》、安全技术交底记录、起重设备日检记录、在船人员信息。 （2）《坐底式平台下潜与浮起风险控制单》《坐底记录》、安全技术交底记录、起重设备日检记录、在船人员信息。 （3）安全技术交底记录、敷设设备日检记录、当日船舶信息
	承包人	（1）入场验收：报审船舶资料，并配合船舶现场状态审核。 （2）船舶检查：聘请第三方机构对船舶开展专业检查。 （3）应急管理要求： 1）应急预案及应急培训：针对主要风险制定应急预案并组织在船施工人员培训，将应急处置措施制作成应变部署卡，张贴于每个宿舍。 2）应急物资：按照应急预案配置应急物资，并以月度为单位进行核查，并留存记录。 3）应急演练：组织海上风电项目部、船方商讨应急演练计划，并组织应急演练，留存演练照片和记录	（1）船舶报审资料。 （2）船舶第三方专业检查报告。 （3）应急处置卡
关键机械设备管控	发包人	（1）制定《机械设备和施工工器具安全控制细则》。 （2）明确关键机械设备隐患排查标准	关键机械设备隐患排查标准
	各海上风电项目部	（1）执行本程序，并反馈执行过程中存在的问题。 （2）由业务管理部门组织，安健环管理部门参与，对关键机械设备进行入场验收，并对关键机械设备资料进行备案。 （3）由业务管理部门区域管理责任人和安健环管理部门区域安全监督责任人负责，使用隐患排查标准对承包人关键机械设备管理情况进行检查	（1）入场验收资料。 （2）检查记录

工作	角色	主要分工	输出/记录
关键机械设备管控	承包人	（1）提前准备资料和确定设备入场时间，进行入场报审。建立关键机械设备台账，并向海上风电项目部报备。 （2）建立机械设备和施工工器具相关管理制度并执行。 （3）对关键机械设备进行隐患排查和治理，对于重大隐患立即停工整改，严禁带病作业。 （4）按照法规、标准及使用说明书的要求对关键机械设备进行检查、维护、保养工作。对检查、维护、保养工作执行的有效性进行定期复查和整改。 （5）结合实际配备特种设备安全管理人员。 （6）按照规定配备检查、维护、保养人员，并进行名单公示。 （7）组织对检查、维护、保养人员进行安全教育和技能培训。 （8）规范建立关键机械设备档案。 （9）按照法规要求进行登记、定期检验。 （10）制定《关键机械设备事故应急预案》，并结合施工周期进行应急演练	（1）报审资料。 （2）《机械设备和施工工器具安全管理制度》。 （3）检查、维护、保养记录。 （4）特种设备安全管理人员证件。 （5）检查、维护、保养人员名单公示。 （6）安全培训记录。 （7）关键机械设备台账。 （8）专项应急预案
一般机械设备管控	发包人	明确一般机械设备隐患排查标准	隐患排查标准
	各海上风电项目部	（1）执行本程序，并反馈执行过程中存在的问题。 （2）由业务管理部门区域管理责任人和安健环管理部门区域安全监督责任人负责，对照隐患排查标准对一般机械设备进行隐患排查	检查记录
	承包人	（1）建立一般机械安全管理制度并执行。 （2）对一般机械设备进行隐患排查和治理，对于发现的重大隐患停工整改	自查记录
施工工器具管控	发包人	明确施工工器具隐患排查标准	隐患排查标准
	各海上风电项目部	（1）执行本程序，并反馈执行过程中存在的问题。 （2）由业务管理部门区域管理责任人和安健环管理部门区域安全监督责任人负责，对施工工器具进行隐患排查	检查记录
	承包人	（1）建立施工工器具安全管理制度并执行。 （2）对施工工器具进行隐患排查和治理	自查记录
作业许可	发包人	明确作业许可控制要求	作业许可规定
	各海上风电项目部	各业务管理部门负责，遵照区域网格化管理，指定区域责任人或授权人为作业许可审批人	作业许可证审批人授权名单
	承包人	申请、执行作业许可	作业许可证
非正常工作时间作业控制	发包人	明确非正常工作时间作业控制	非正常工作时间作业控制要求
	各海上风电项目部	（1）各业务管理部门应对承包人报送的非正常工作时间施工信息进行审查，督促承包人按要求准确报送信息。	（1）《非正常工作时间施工信息》。 （2）《隐患排查记录》。

工作	角色	主要分工	输出/记录
非正常工作时间作业控制	各海上风电项目部	（2）由安健环管理部门负责，汇总各承包人报送的非正常工作时间施工信息后，以电子邮件的方式向项目部全体人员发布及上报。 （3）由各业务管理部门负责，根据非正常工作时间施工活动信息对作业现场进行抽查、巡视，做好检查记录，对不满足施工安全条件的给予停工处理。 （4）由安健环管理部门负责，对各业务管理部门和承包人的非正常工作时间施工管理有效性进行检查	（3）《隐患排查记录》或《专项检查记录》
	承包人	（1）按要求及时、准确报送非正常工作时间施工信息。如无施工作业安排，也应及时反馈。 （2）承包人须建立加班作业及夜间作业施工活动申报制度。 （3）承包人应明确加班作业及夜间作业安全控制措施，并确保落实。 （4）承包人应对非正常工作时间的施工活动进行检查，并做好检查记录	（1）《非正常工作时间施工信息》。 （2）《承包人加班作业及夜间作业施工活动申报制度》。 （3）《检查记录》
安全培训	发包人	（1）组织制定并实施《年度HSE培训计划》。 （2）发包人总经理、安全总监每年至少讲一堂HSE课程。 （3）协调相关人员编制HSE培训教材和担任教员。 （4）监督年度HSE培训落实情况。 （5）保障资源投入，满足训练需求	（1）年度HSE培训计划。 （2）HSE震撼教育。 （3）HSE培训教材。 （4）安全专项检查记录
	各海上风电项目部	（1）由安健环管理部门组织，制定本项目部年度HSE培训计划并实施。 （2）由安健环管理部门组织，项目部员工参加HSE培训及获取、维持HSE相关资质。 （3）配合分公司HSE专项培训教材的开发和提供教员	年度HSE培训计划及执行记录
	承包人	（1）建立健全本单位HSE培训管理制度。 （2）向海上风电项目部报审三类人员资质档案。 （3）组织制定年度HSE培训计划并实施。 （4）保障HSE培训实施所需资源保障，满足培训需求	（1）HSE培训管理制度。 （2）三类人员资质档案。 （3）年度HSE培训计划
安全投入	发包人	明确安全投入管控内容	安全投入管控要求
	各海上风电项目部	（1）如承包人的安全生产不满足要求，导致现场存在重要问题或隐患，且经海风项目部指出后不及时整改，必要时，海风项目部将组织人员进行整改，发生的费用从承包人的安全生产费中扣除。 （2）由安健环管理部门负责，审核承包人安全业绩证明。 （3）设立举报电话并公示在施工现场。 （4）由安健环管理部门组织，相关部门派人参加，对承包人开展安全投入专项监督。 （5）承包人在开工后一周内参考《海上风电工程安全生产投入模型》（见附件L-1），编制《安全投入计划》	（1）发函通知。 （2）安全业绩证明。 （3）举报电话公示。 （4）《安全投入专项监督报告》。 （5）《安全投入计划》

工作	角色	主要分工	输出/记录
安全投入	承包人	（1）按照合同中《安全投入模型》的规定建立本工程的《安全投入项目清单》。 （2）申报安全业绩证明。 （3）提供劳务工劳保服费用	（1）安全投入项目清单。 （2）安全业绩证明及申报资料。 （3）劳保服费用相关合同条款
职业危害因素识别和控制	发包人	明确职业危害因素识别和控制办法	职业危害因素识别和控制办法
职业危害因素识别和控制	各海上风电项目部	（1）由安健环管理部门负责，组织建立职业危害因素辨识清单。 （2）由业务管理部门区域管理责任人和安健环管理部门区域安全监督责任人负责，监督承包人职业危害因素识别和管控	（1）职业危害因素辨识清单。 （2）隐患排查记录
职业危害因素识别和控制	承包人	（1）建立职业危害因素辨识清单。 （2）配置现场急救用品、冲洗设备，划分应急撤离通道和必要的泄险区。 （3）配备专职或者兼职的职业卫生专业人员。 （4）承包人应当组织法定检测单位对所涉及的职业危害因素进行定期检测、评价；并配备常用仪器，由经过培训的专人负责职业危害因素日常监测。 （5）承包人应定期向劳动者公布职业危害相关信息	（1）职业危害因素辨识清单。 （2）职业卫生专业人员授权书。 （3）职业危害因素定期检测、评价。 （4）职业危害因素公示
职业健康保障	发包人	明确职业健康保障办法	明确职业健康保障办法
职业健康保障	各海上风电项目部	由业务管理部门区域管理责任人和安健环管理部门区域安全监督责任人负责，监督承包人职业健康保障	职业健康隐患排查记录
职业健康保障	承包人	（1）对从事接触职业危害的作业的劳动者，承包人应当组织上岗前、在岗期间和离岗时的职业健康检查，进行工作健康适应性评价，并将检查结果如实告知劳动者。 （2）承包人必须采用有效的职业病防护设施，并为劳动者提供个人使用的合格的职业病防护用品并维持其可用。 （3）承包人必须参加工伤社会保险或意外伤害险。 （4）建立职业健康监护档案	（1）职业健康检查报告。 （2）工伤保险、意外伤害险。 （3）职业健康监护档案
停工令	发包人	（1）制定停工令管理制度。 （2）签发公司级停工令，验证被停工单位整改情况并解除停工令	停工令管理制度
停工令	各海上风电项目部	签发局部、区域停工令，验证被停工单位整改情况并解除停工令	停工令及有关验证资料
停工令	承包人	接受停工令，提交复工申请材料并整改完成	复工申请材料
事件管理	发包人	（1）制定事件报告制度。 （2）组织开展事件调查。 （3）跟踪事件调查报告应急处置行动落实	事件报告制度

工作	角色	主要分工	输出/记录
事件管理	各海上风电项目部	（1）由安健环管理部门负责，发生事件，按报送时限要求报送给发包人当班应急联络员。 （2）由安健环管理部门负责，24 小时内在"职业健康安全管理系统"完成编审批发布工作。 （3）事发单位为项目部内部部门，由安健环管理部门填写事件单，项目部项目经理审批	事件单
	承包人	（1）发生事件，按发包人事件报告制度要求进行口头上报和事件单上报至发包人。 （2）由事发单位区域安全负责人填写事件单，承包人单位安全部门负责人审核事件单，承包人单位项目经理批准事件单，报送给发包人项目部安健环管理部门	（1）事件单。 （2）事件调查报告
应急管控指引	发包人	（1）编制应急管控指引。 （2）成立公司级应急指挥中心。 （3）制定应急预案标准清单。 （4）制定应急物资标准清单。 （5）制定标准应急处置单示例	（1）应急管控指引。 （2）分公司应急指挥中心。 （3）应急预案标准清单。 （4）应急物资标准清单。 （5）应急处置单标准示例
	各海上风电项目部	（1）成立项目部应急指挥部。 （2）由安健环管理部门组织，开展项目应急需求分析。 （3）由安健环管理部门负责，编制项目部《综合应急预案》和《三防应急预案》。 （4）由业务管理人员区域管理责任人和安健环管理部门区域安全监督责任人负责，组织或参与应急演练工作	（1）项目应急指挥部。 （2）应急需求分析报告。 （3）综合应急预案和三防应急预案。 （4）应急演练总结
	承包人	（1）成立应急指挥部。 （2）开展项目应急需求分析。 （3）编制应急预案。 （4）配置应急物资和建立定期检查制度。 （5）开展应急培训和应急演练	（1）项目应急指挥部。 （2）应急需求分析报告。 （3）应急预案。 （4）应急物资和定期检查制度。 （5）应急培训和应急演练
应急值班	发包人	（1）编制并发布《应急值班管理规定》。 （2）经理室提供项目部应急值班有效运作所需资源。 （3）安健环管理部门编制《应急值班人员岗位培训教材》。 （4）安健环管理部门安排当班应急联络人，负责与公司安全助理接口。 （5）安健环管理部门每周三 14:30 前发布《应急值班表》。 （6）参加公司周五组织的应急值班点名会。 （7）按公司要求收集上报非正常工作时间施工信息	（1）《应急值班管理规定》。 （2）《应急值班人员岗位培训教材》。 （3）应急值班表

工作	角色	主要分工	输出/记录
应急值班	各海上风电项目部	（1）每周二17:30前报送本周应急值班信息表给安健环管理部门。 （2）由安健环管理部门负责，组织本项目应急值班人员岗位培训与考核。 （3）由应急值班指挥负责，每周五召集应急值班点名会。 （4）有人员变更应填写应急值班人员变更通知。 （5）应急值班指挥应当在每周三14:30前填写应急值班记录表。 （6）由安健环管理部门负责，按分公司要求收集上报各承包人非正常工作时间施工信息	（1）《应急值班表》。 （2）应急值班人员岗位培训记录、考核记录、授权表。 （3）应急值班人员变更通知。 （4）应急值班记录表
	承包人	（1）每周二12:00前向海上风电项目部报送应急值班人员信息。 （2）组织本单位应急值班人员岗位培训、考核、授权。 （3）参加海上风电项目部组织的周五应急值班点名会。 （4）每天16:00前向海上风电项目部安全助理报送当日夜间重点关注作业信息。 （5）收集本单位非正常工作时间施工信息，按要求向海上风电项目部上报	（1）《应急值班表》。 （2）应急值班人员岗位培训记录、考核记录、授权记录
黑名单制度	发包人	制定黑名单制度	符合"黑名单"的违规行为
	各海上风电项目部	由安健环管理部门负责，收集现场严重违章行为并发函承包人要求其将黑名单人员清退出场	黑名单人员清理发函记录
	承包人	执行黑名单制度将违规人员清退出场	黑名单人员清退记录
安健环违约处理规定	发包人	明确HSE违约处理规定	HSE违约处理规定
	各海上风电项目部	由业务管理人员区域管理责任人和安健环管理部门区域安全监督责任人负责，按照HSE违约处理规定对承包人进行监督并处理	处理记录
	承包人	（1）遵守规章制度，避免违约。将违约条款向所有施工人员说明。 （2）严格执行落实发包人HSE违约处理规定	无
海上作业风险管控			
海洋水文气象管理	发包人	明确要求	海洋水文气象管理要求
	各海上风电项目部	由业务管理人员区域管理责任人和安健环管理部门区域安全监督责任人负责，监督承包人执行	NA
	承包人	每日获取并发布海洋水文气象信息	海洋天气预报
施工方案管理	发包人	明确施工方案管控细则	施工方案管控细则
	各海上风电项目部	执行施工方案管控细则	施工方案管控细则
	承包人	编制并修订施工方案	施工方案

工作	角色	主要分工	输出/记录
水下作业风险控制	发包人	制定水下作业风险管控细则	水下作业风险管控细则
	各海上风电项目部	由业务管理人员区域管理责任人和安健环管理部门区域安全监督责任人负责，监督承包人水下作业风险管控情况，执行潜水作业高风险作业指导书	潜水作业高风险作业指导书
	承包人	（1）落实《空气潜水安全要求》等国家法规标准要求。 （2）执行《潜水作业高风险作业指导书》	潜水作业高风险作业指导书
海上吊装作业风险控制	发包人	制定海上吊装作业风险控制细则	海上吊装作业风险控制细则
	各海上风电项目部	由业务管理人员区域管理责任人和安健环管理部门区域安全监督责任人负责，监督承包人海上吊装作业风险管控情况，执行海上吊装作业高风险作业指导书	海上吊装作业高风险作业指导书
	承包人	执行海上吊装作业风险控制细则，执行海上吊装作业高风险作业指导书	海上吊装作业高风险作业指导书
陆上作业风险管控			
现场保卫	承包人	（1）实体围栏，设置门禁系统，封闭管理。 （2）设置保卫监控系统。 （3）建立保卫组织，接受海上风电项目部监管	（1）实体围栏，门禁系统。 （2）设置保卫监控系统。 （3）建立保卫组织
施工现场基础设施管理	承包人	（1）场地总平面布置。 （2）特殊地质条件的开挖等特殊作业须编制专项施工方案。 （3）施工道路规划方案要报海上风电项目部审核	（1）场地总平面布置方案。 （2）专项施工方案。 （3）道路规划方案
脚手架和梯子	发包人	（1）制定脚手架安全管理制度。 （2）编制《脚手架隐患排查标准》	（1）脚手架安全管理制度。 （2）脚手架隐患排查标准
	各海上风电项目部	由业务管理人员区域管理责任人和安健环管理部门区域安全监督责任人负责，按照《脚手架隐患排查标准》对脚手架开展搭设、拆除、使用过程安全检查，对于不合格的脚手架挂设红色标识牌	脚手架安全检查记录
	承包人	（1）严格按方案施工及检查维保，确保脚手架状态安全。 （2）由承包人方案编制人员、安全监督人员、搭设人员三方联合验收，并在脚手架验收牌上签字确认	脚手架验收记录
环境保护			
环境影响与评价	发包人	编制《海上风电项目环境保护管理规定》等环境保护管理规定	《海上风电项目环境保护管理规定》

续表

工作	角色	主要分工	输出/记录
环境影响与评价	各海上风电项目部	（1）由安健环管理部门负责，组织编制海上风电项目环境因素清单和重要环境因素清单。 （2）由业务管理人员区域管理责任人和安健环管理部门区域安全监督责任人负责，监督承包人环境因素识别和重要环境因素控制工作	（1）环境因素清单和重要环境因素清单。 （2）隐患排查记录
	承包人	（1）制定《环境保护制度》。 （2）编制环境影响因素清单和控制措施。 （3）编制重要环境因素清单	环境因素清单和重要环境因素清单
陆域环境	发包人	明确陆域环境保护要求	陆域环境保护要求
	各海上风电项目部	由业务管理人员区域管理责任人和安健环管理部门区域安全监督责任人负责，监督陆上集控中心和海缆登陆段陆域环境保护措施的落实	隐患排查记录
	承包人	（1）编制水土保持方案。 （2）落实陆域环境保护措施。 （3）按照法规要求对陆域环境进行日常监测和管控。 （4）采取有效措施避免施工期间噪声和扬尘超过国家和地方政府标准限值	（1）水土保持方案。 （2）检测记录
海域环境	发包人	明确海域环境保护要求	明确海域环境保护要求
	各海上风电项目部	由业务管理人员区域管理责任人和安健环管理部门区域安全监督责任人负责，监督承包人海域环境保护制度落实情况	隐患排查记录
	承包人	建立海洋环境保护和防止污染的措施制度以及污染应急机制	海洋环境保护制度
环境污染应急	发包人	明确环境污染应急管理要求	环境污染应急管理要求
	各海上风电项目部	由安健环管理部门负责，组织审查承包人环境污染应急预案，检查环境污染应急演练执行情况	预案审查
	承包人	建立环境污染应急预案并定期组织应急演练	（1）《环境污染专项应急预案》。 （2）演练记录

5

安 全 责 任

5.1 角 色 分 工

角色分工见表 5-1。

表 5-1

角 色 分 工

发包人	编制《发包人岗位安全生产责任制》，明确各岗位安全生产责任，对各海上风电项目部经理室开展履责评价
发包人项目部	（1）落实岗位安全生产责任清单，并按照要求实施履责评价。 （2）承包人入场一周内，与其签订年度安全生产责任书
承包人	制定全员安全生产责任制和履责评价制度

5.2 发包人安全责任

执行《发包人岗位安全生产责任制》。

5.3 承包人安全责任

承包人应根据"谁主管、谁负责"和"管生产必须管安全"的原则制定安全生产责任制度，包括但不限于：

（1）承包人法人或签署合同的公司总经理对合同安全负有全面的领导责任。

（2）承包人项目经理对合同活动的安全工作负有全面的直接领导责任。

（3）承诺服从发包人对安全工作的统一协调和管理。

（4）保证本单位安全生产条件及其管理资源的投入。

（5）保证合同规定的安全投入用于安全生产，专款专用。

（6）建立本单位的安全责任制度、安全过程管理的程序和安全工作规程。

（7）建立本单位的安全监督组织和安全责任考核机制。

（8）建立本单位的事故报告和应急处置机制。

（9）保证分包商的资格符合发包人的要求，对分包商的安全实施统一协调和管理，对分包商以及任何其他与合同相关的用工形式的安全向海上风电项目部负责。

（10）根据合同的具体情况，承包人的项目经理应接受海上风电项目部的邀请，担任HSE委员会成员。

（11）承包人应按照法规要求，结合现场实际，制定《岗位安全生产责任制》，明确每个岗位安全生产责任，落实"一岗双责""全员安全管理"。

5.4 分包人安全责任

（1）分包人出现安全生产事故，承包人按照法规要求承担连带责任。

（2）承包人要确保分包商按照要求建立了《岗位安全生产责任制和履责评价制度》。

5.5 用工及分包管理责任

（1）承包人（包括合同指定的或经过发包人批准的分包商）以任何用工形式使用的长期劳务工和临时劳务工，都属于与发包人直接签有合同的承包人的员工。承包人对其安全管理负有全部责任，严禁任何形式上或实际上的"分而不管""用而不管"或"管而不力"的情形；对承包人任何形式用工产生的安全隐患、事件、事故，发包人按合同要求直接追究承包人的责任。

（2）发包人鼓励承包人使用自有员工；承包人应确保分包商、劳务分包单位资质符合国家法律法规的要求，并依照《安全生产许可证管理条例》取得"安全生产许可证"；发包人有权对分包商、劳务分包单位的安全资质进行检查。

（3）承包人对其分包商及劳务工安全管理负直接、全部责任；承包人应监督检查其分包商安全生产措施费使用情况、劳保用品发放和使用情况，严禁从劳务工工资中扣除劳保费用。

（4）承包人在开工前应向发包人海上风电项目部现场施工管理部门和安健环管理部门提供书面材料，介绍施工队伍中分包商，以及使用临时劳务工的情况。这些情况应包括活动的内容、人数、与承包人合作的历史、劳务工来源等。

（5）承包人必须指定组织机构及其成员直接对任何合同形式或用工形式的施工队和劳务工实施劳动管理和安全管理，通过实施有效管理，确保以下各方面：

1）不得使用童工。

2）必须保障妇女的劳动保护权益。

3）劳务工工资按时足量发放，不得克扣、拖延，如不能保证按时发放，发包人有权代为发放工资，相应费用从发包人支付承包人的工程款项中扣除。

4）劳务工的工作时间合理，不得超量加班，导致疲劳过度而发生事故。

5）劳务工的工作与其基本素质相适应，并得到合适的安全培训和技能培训。

6）禁止使用劳务工从事与其知识、技能、经验和资格不符的工作。

7）劳务工的劳动保护必须满足合同的要求。

8）劳务工有安全、卫生、整洁的生活居住条件。

9）劳务工享受现场医疗急救服务。

10）劳务工有工伤保险。

（6）发包人有权对承包人所使用劳务工的安全管理进行检查，对检查不合格的，责令承包人按合同的有关规定和工程安全管理程序的要求处理，由此产生的经济和法律后果，由承包人承担。

5.6 安全生产责任分解

各承包人进场后，在每年年初应与海上风电项目经理签订年度《安全生产责任书》，据此制定本项目部《安全生产责任书》并与所有部门和岗位员工签订，《安全生产责任书》应通过预兆性可探测指标实现过程安全控制，应建立每季、年度《安全生产责任书》落实评价机制，并根据评价结果实施奖惩措施。

5.7 区域责任制

（1）发包人在海上风电项目实施区域网格化管理制度，各承包人应遵照执行。

（2）海上风电项目区域网格化划分原则。

1）海上施工区域：以船舶为单元进行区域网格化划分。每艘主力船舶上需明确船长、承包人区域责任人、承包人安全监管人员、发包人区域责任人、发包人安全监管人员姓名及联系方式。其他船舶上需明确船长、承包人区域责任人姓名、联系方式。

2）陆上施工区域：以厂房为单元进行区域网格化划分。每个单元明确承包人区域责任人、承包人安全监管人员、发包人区域责任人、发包人安全监管人员姓名及联系方式。

（3）安全责任。

1）区域责任人对责任区域开展日常安全巡查并保留记录，巡查内容包括但不限于高风险作业管控、施工方案中安全措施落实、应急处置措施落实等。对于发现的隐患要跟踪落实。

2）承包人的区域责任人的责任由各承包人在本单位程序中明确。

（4）权利。区域责任人对于所负责的区域拥有即刻停工权和建议停工权，即刻停工权针对存在即刻风险的作业行为，建议停工权针对管理薄弱、安全状况不佳的局部施工区域。

（5）区域网格化信息维护与更新。

1）发包人区域责任人变更，需通知项目安健环管理部门。

2）承包人区域责任人变更时，应由所在单位领导审批后报海上风电项目部接口业务管理部门审核，同意后方可变更。

（6）区域巡检要求。

1）频次要求：陆上集控中心区域责任人每个工作日巡检次数不少于1次，海上施工作业区域责任人出海时巡检次数不少于1次。

2）覆盖率要求：陆上集控中心区域巡检应保证每个工作日至少覆盖责任区内所有作业点。海上施工作业区域责任人要确保每周覆盖所有责任区域。

6

法　律　法　规

  承包人应建立 HSE 法律法规、标准规范（包括国家法律、行政法规和地方性法规、国务院部门规章和地方政府规章、国家标准、行业标准、地方标准、政府部门规范性文件以及其他要求，下同）的识别、获取制度，及时识别、获取适用的安全健康环境法律法规、标准规范，建立适用的 HSE 法律法规、标准规范清单，并维持清单的适宜性。

  承包人应当组织法规宣贯培训工作，确保法规条款在现场得到切实执行。

  承包人每年至少评估一次 HSE 法律法规、标准规范、规章制度、操作规定的适宜性、有效性和执行情况，形成《合规性评价报告》。

  承包人应将法规条款融入日常检查内容，促进合规性检查常态化。

7

承包人 HSE 管理细则

7.1 HSE 资格审查

（1）发包人在邀请投标时，应向承包人提供 HSE 招标文件，明确项目必须执行的 HSE 要求。承包人应依照招标文件编制初步 HSE 计划，其中应包括，但不限于：

1）项目 HSE 承诺。

2）建立项目 HSE 管理体系。

3）HSE 组织设置及职责。

4）资源投入。

5）工具/设备检查。

6）重大危害及风险分析。

7）分包商与劳务用工管理。

8）相关施工方案陈述（根据要求）。

9）其他。

（2）承包人 HSE 审查标准应包含承包人企业资质、企业安全生产许可证（承包人）等内容，评估 HSE 管理体系的完整性和有效性，评估承包人现场 HSE 管理能力，审查过往 HSE 荣誉及重大伤亡事故数据；必要时应对承包人提供信息的真实性进行核实，如发现有虚假信息，按资格审查不通过处理。

（3）项目部应组织面试，进一步评估承包人项目管理关键成员如项目经理、项目安全经理的意识、能力、经验与安全领导力等，未通过面试的人员不得在项目中担任相应岗位。

（4）资格预审是 HSE 资格审查的主要形式，包括文件评审和源地评审；在开展 HSE "文件评审"时，应重点审核《承包人 HSE 资格预审申请文件》（含问卷）及相关资质、证明材料、其他支持性 HSE 文件等。

（5）源地评审是在文件评审的基础上进一步评估承包人项目 HSE 管理能力，在开展 "源地评审"时，除进一步核实承包人 HSE 管理体系文件和记录外，应最大可能对承包人已有在建项目的现场 HSE 管理情况进行实地考察和验证。

（6）只有通过 HSE 资格预审的承包人才能列入具备投标资格的"潜在合格承包人"

名单；项目部在组织评审承包人投标文件"HSE 管理章节"时，应重点评估承包人投标文件对招标文件的响应情况，评估承包人现场 HSE 管理标准与其业务范围的匹配性和充分性，最终选定合格承包人。

（7）合格承包人应按照合同要求提交相关 HSE 文件，并经发包人审批通过后，才能正式开展现场工作。基本流程为 HSE 资格预审并通过（HSE Prequalification & Accepted）-发出投标建议邀请书（RFP）-标书评估（Bid Evaluation）-合同颁布（Notice to Award）-HSE 文件提交并审批（HSE Submittals & Approved）-正式开工函（Notice to Proceed）。

7.2 HSE 合同约定

（1）合同应明确承包人应建立"管业务必须管安全""管生产经营必须管安全"的责任落实和责任链传递机制、风险分级管控与隐患排查治理机制、"现场施工区域"的安全责任落实及协调机制、承包人引入人员（包括学习人员、参观人员、供应商代表等临时人员）的安全管理和协调机制等。

（2）合同应明确承包人承诺在合同规定的活动中承担以下安全、健康环境责任：

1）承包人的法人代表或其授权人对本合同活动的安全、健康环境负有全面的领导责任。

2）承包人项目经理对合同活动的安全、健康环境工作负有全面的直接领导责任。

3）承包人应保证本单位安全生产投入的有效实施。

4）承包人应承诺服从发包方对安全、健康环境工作的统一协调和管理。

5）承包人应与其分包人和供应商签订安全协议，明确双方安全职责与分工，保证其分包商和供应商的资格符合发包人的要求，对施工队伍的安全实施统一管理，对其分包商和供应商的安全向发包人负责。

6）承包人应保证采购、租赁物项的安全性能、环保性能符合国家法律、标准和发包人的要求，对其实施统一的安全管理，并向发包人负责。

（3）根据承包人 HSE 资格审查情况，发包人的 HSE 部门应对照、分析与发包人的 HSE 管理标准的差异，并结合具体项目特点和承包人合同工作范围（SoW），在标准 HSE 合同条款的基础上识别修订项，适当地取舍和增减，将发包人对承包人的 HSE 期望和管理要求最终转化成合同 HSE 内容。

（4）正式合同中"HSE 管理章节"应至少包括如下内容，但不限于：

1）承包人所应达到的 HSE 目标。

2）承包人 HSE 职责和义务。

3）项目安全投入。

4）安全协议与接口协调。

5）安全监督组织与网络。

6）人员基本素质。

7）班组管理。

8）安全培训与授权。

9）入场控制、出入管理与治安保卫。

10）分包商及劳务用工安全。

11）职业健康与卫生防疫。

12）环境保护。

13）安全风险管理。

14）现场 HSE 执行标准。

15）过程监控。

16）事故报告与应急救援。

17）工伤保险。

18）安全业绩考核。

19）违约责任。

（5）合同中应明确承包人须建立并提交发包人审核的项目 HSE 文件，如现场 HSE 管理大纲、相关 HSE 程序等。

（6）合同中应明确承包人须将所有项目 HSE 要求传递至其下游分包商、供应商及访客，并对下游分包商、供应商及访客的安全绩效负责。

（7）合同中应明确当承包人违约时的惩罚措施，如停工、限制承包人人员入场或清退、替换承包人管理人员、违约处理，直至终止合同等；发包人的权限和行动并不免除承包人采取安全工作方式、方法及采取纠正行动的责任。

（8）发包人应在合同签订前通过组织正式交底会进一步明确承包人项目 HSE 责任范围、项目 HSE 执行标准和要求，通过开展沟通将建设单位要求、发包人要求有效地传递至承包人。

（9）发包人项目部应在正式开工前，组织召开项目开工会，向承包人重申合同重要 HSE 管控条款，确认承包人对合同 HSE 要求的正确理解，澄清与会人员提出的疑问，确定双方接口人员、联络及沟通机制等。

7.3 HSE 文件要求

（1）按合同约定，承包人应建立、完善本单位项目 HSE 管理体系，该体系可参考发包人项目 HSE 管理体系、项目 HSE 计划及程序要求，并结合本单位合同工作范围、实际 HSE 风险等制定。

（2）根据具体合同要求，承包人应策划、编制项目 HSE 文件如现场 HSE 计划、项目专用 HSE 程序等，并提交海上风电发包人项目部审核或备案。

（3）发包人项目 HSE 部门应重点审核承包人项目 HSE 文件与相关法律法规、行业标准的符合性，与项目实际情况的一致性及可操作性，审核发现的不足应反馈至承包人。

（4）发包人对承包人现场 HSE 计划、程序的审核并不改变 HSE 责任主体，承包人须负责 HSE 文件自身的技术完整性和法规符合性。

（5）承包人现场 HSE 计划是发包人与承包人在具体项目上的 HSE 接口文件，该计划应充分承接合同 HSE 要求，并应通过沟通、协商、澄清等机制明确承包人的现场 HSE 执行标准，该标准应不低于发包人项目 HSE 标准。

（6）承包人项目专用 HSE 关键程序通常包括，但不限于：

1）HSE 执行计划。

2）安全生产委员会组织与运作。

3）安全生产责任制及目标考核。

4）安全教育培训与授权。

5）安全工作例会制度。

6）安全生产费用管理。

7）分包安全管理。

8）施工方案编审及安全技术交底。

9）安全施工许可管理。

10）施工机械、工器具安全管理。

11）临时施工用电。

12）风险分级管控与隐患排查治理。

13）特种作业人员管理。

14）危险源、有害因素辨识与控制。

15）安全设施与劳动防护用品管理。

16）应急管理。

17）事件报告、调查处理。

18）职业病危害因素管理。

19）健康管理与人文关怀。

20）环境保护。

21）安全标准化建设。水上水下作业安全管理制度、施工船人员上下管理制度、领导带班制度、高风险作业管理制度、区域责任制度、班组管理制度。

22）作业/服务相关安全管控程序（注：与合同工作范围保持一致）。

（7）承包人在策划、编制本单位相关 HSE 程序时，应充分理解、融入发包人 HSE 程序的具体要求。

7.4 HSE 过程监控

（1）发包人对承包人的 HSE 监控力度应取决于现场风险水平、承包人资质、经验、HSE 管理能力及过往 HSE 绩效等，监控的范围包括从事特定高风险的下游分包商或服务提供商。

（2）发包人依托信息化平台，建立风险分级管控和隐患排查机制，实施对风险、隐患的分级管控与督办机制，建立 HSE 日常考核和奖惩机制，建立 HSE 预警刹车机制，并监督督促承包人对应建立本项目的 HSE 管理机制。

（3）HSE 动态过程监控包括开展检查、监督、专项方案审查等，监控结果应及时沟通、反馈至承包人，并跟踪、验证改进行动的落实。

（4）根据承包人 HSE 绩效表现和实际情况，发包人 HSE 部门有权组织对承包人的安全投入、安全培训、会议、专项作业控制方案、作业安全分析、高风险作业控制等开展有效性审查。

（5）现场监控中发现可能造成即刻人身危险的人员违章作业或冒险行为，应立即制止；对于存在可能引起人身伤害、财产损失、环境污染等重大事故隐患的，应停工限期整改，满足要求后方可复工。

（6）现场监控中发现的严重、重复性、体系性管理缺陷，应形成书面改进行动单，通过正式函件或其他书面沟通方式反馈至承包人，并督促整改。

（7）发包人应审查承包人制定的改进行动措施，确保措施具体、可操作、可衡量和可关闭，并明确责任部门或责任人和完成期限。发包人业务管理部门应负责跟踪、验证承包人的纠正行动状态。

（8）所有过程监控活动、改进行动、观察及沟通须以适当的方式做好记录，避免因缺少相关监控及沟通记录，在发生事故后影响发包人与承包人的法律责任分担。

（9）过程监控引发对承包人奖惩应遵照合同及项目相关程序执行，对严重违章或屡教不改的承包人人员，发包人应终止其入场资格。

（10）发包人在开展承包人 HSE 过程监控时，应充分参考合同 HSE 要求、经审批的承包人现场 HSE 计划及程序等。

7.5　HSE 绩效评价

（1）合同期内，因承包人自身原因发生人身伤亡、环境污染和设备损坏等事故，除承担事故责任和赔偿损失外，还须根据合同约定采取相应惩罚措施。

（2）承包人绩效评价通常在每年年末或承包人退场前由合同管理部门牵头组织，业务管理部门、HSE 部门参与。评价结果应用于改进 HSE 资格预审和投标评价流程，对于HSE 绩效较差的承包人，应取消其资格或降低等级，或加入黑名单。

（3）承包人 HSE 绩效评价应至少包括承包人现场停工次数、事故事件、培训率、检查效果、管理标准化与现场标准化水平等。

承包人 HSE 绩效评价清晰表明其现场 HSE 管理方面超出合同范围、预期目标及要求，或作出特殊贡献的，发包人可按照有关安全质量环境（简称安质环）专项激励办法对承包商实施激励。

8

风险分级管控和隐患排查治理制度

风险分级管控：是指按照风险不同级别、所需管控资源、管控能力、管控措施复杂及难易程度等因素而确定不同管控层级的风险管控方式。

风险（Risk）：指当接触/暴露于危害时，损失发生的可能性。风险是相对的且动态变化，个人的知识、过往经验、风险意识及所处环境不同，对风险的感知、理解和风险接受水平不同。

风险等级（Risk Rating）：指特定危害引起损失的可能性与潜在后果严重程度的综合。风险等级=危害影响结果×可能性（$R=S\times P$）。

风险分析（Risk Analysis）：理解风险性质、确定风险等级的过程。

风险评价（Risk Assessment）：对危险源导致的风险进行评估、对现有控制措施的充分性加以考虑，以及对风险是否可接受予以确定的过程。

8.2　目　　的

本程序明确风险分级管控要求和隐患排查治理要求。

8.3　适　用　范　围

本程序适用于海上风电建设期风险分级管控和隐患排查治理工作。

8.4　相　关　文　件

（1）《中共中央、国务院关于推进安全生产领域改革发展的意见》（中发〔2016〕32号）。

（2）《国家发展改革委办公厅、国家能源局综合司关于进一步加强电力安全风险分级管控和隐患排查治理工作的通知》（改办能源〔2021〕641号）。

（3）《HSE 风险分级管控和隐患排查治理制度》（MP-218-118）。

8.5 职 责

8.5.1 发包人

负责收集各海上风电项目的意见，编制、修订本程序。

8.5.2 各海风项目部

向承包商释放本程序并督促承包商执行此程序，向海上风电分公司反馈本程序执行过程中存在的问题，促进程序与现场执行密切结合。

8.5.3 承包人

（1）负责落实本程序要求。

（2）接受所属项目部监督，并与其沟通执行过程中存在的问题和建议，以保证此程序在现场得到有效实施。

8.6 规 定

8.6.1 角色分工（见表 8-1）

表 8-1 角 色 分 工

分类	发包人	各海上风电项目部	承包人
风险分级管控	（1）明确风险评价方法。 （2）编制《海上高风险作业指导书》，从总体策划上实现分级管控。 （3）在专项检查时，核实各海上风电项目部风险评价、分级管控执行情况	（1）按照本程序要求组织开展风险评价及管控。编制《HSE 危害辨识及风险评价清单》，报分公司安质办备案。 （2）至少每年度组织一次危害辨识与风险评价工作。 （3）执行《高风险作业指导书》。 （4）监督承包人《HSE 危害辨识及风险评价清单》编制情况，现场风险管控情况	（1）遵照自己程序，参考本程序开展风险评价及管控。 （2）确保《HSE 危害辨识及风险评价清单》中的管控措施按照风险分级原则落实到具体负责人，并持续改进。 （3）执行《高风险作业指导书》
隐患排查治理	（1）编制《隐患排查指引》。 （2）建立隐患排查长效机制	（1）使用矩阵式检查表和《隐患排查指引》，推动"随意性隐患排查"向"以风险辨识为基础的隐患排查"转变。 （2）组织开展重大活动及节假日前隐患排查、事故类别隐患排查、复工前隐患排查。 （3）组织主题巡视，解决难点问题	（1）建立自己的隐患排查治理程序，并执行。 （2）对于海上风电项目部发现的隐患，在规定的整改期限内完成整改并回复。 （3）配合开展主题巡视

8.6.2 风险分级管控

风险分级管控的实施过程包括危害辨识、风险分析与评价方法、风险分级管控。

8.6.2.1 危害辨识

1．辨识范围

（1）各海上风电项目所用的设备设施、作业环境和员工的业务活动，包括办公活动、工程现场管理活动、生产活动等。

（2）各海上风电项目所承接的工程项目相关的活动，其中海上风电项目部对承包商所开展的危险源识别和风险评价活动进行统一协调和管理。

其中：

（3）生产活动：一般以三级进度计划为基准，再将其分成若干子项活动，这种分解应直到具体操作行为为止。

（4）关于区域：在采用基于活动的方法不能进行有效辨识时，采用基于区域的方法，如大型施工船、弃土场等。

2．危害因素与危害特征

对于已经划分为可有效进行危害辨识的活动或区域，辨识人员应基于法律法规、标准规范、管理程序制度、发生的事故事件、经验反馈、监督检查等对该活动或区域从人、机、料、法、环等多方面辨识单元存在的危险有害因素。关于危害特征表，参考表 A-1。

3．事故类型

根据辨识出的危害特征，参考 HSE 程序《HSE 事件管理制度》以及交通运输部规章《水上交通事故统计办法》确定可能导致的事件类型。事件类型参考表 A-2。

8.6.2.2 风险分析与评价方法

1．安全风险分析方法

风险分析与评价采用基于经验的风险矩阵法。该方法以经验为基础，参考分级表对风险发生的可能性、后果严重程度采用定性与定量相结合的方式确定风险等级。

采用本方法对评价小组成员的经验要求较高，因此小组成员应由经验丰富且直接参与生产活动的相关人员参加。

2．风险发生可能性的评价标准

按照风险发生可能性的属性，将其分为五个等级，从低至高分别赋值 1～5 分。

等级说明见表 8-2。

表 8-2   等 级 说 明

可能性等级	等级说明	备注
1	不太可能	记录或经验显示在海上风电行业内 5 年以上未发生
2	可能	记录或经验显示在海上风电行业内曾发生
3	很可能	国内海上风电项目曾发生过
4	非常可能	集团海上风电项目上曾发生过
5	几乎肯定	集团海上风电项目曾发生多次

3．风险潜在后果的评价标准

按照潜在后果的影响程度，将其分为五个等级，从低至高分别赋值 1～5 分，严重性等级由表 8-3"事故后果说明"中最高等级确定。为保证后续控制措施的评价与制定的科学性，一般情况下，在初始判断的基础上可提高一个等级。等级说明见表 8-3。

表 8-3　　　　　　　　　　　　风险潜在事故后果说明

严重性等级	等级说明	事故后果说明			
		人员健康或伤害		直接经济损失（元）	环境	影响
1	轻微	职业健康损害	发生轻微伤害	＜50 万	基本无影响	项目领导关注
2	轻度	慢性职业中毒或疑似职业病	发生轻伤	≥50 万	影响限制在船舶（作业）区域内，能在 24 小时内恢复治理的	海上风电分公司关注
3	重度	急性职业中毒或确诊职业病 1 人	发生重伤	≥100 万	（1）陆上：影响作业周围的区域；（2）海上：影响限制在船舶区域内，并能在 48 小时内恢复治理的	公司或业主公司关注
4	严重	3 人≥急性职业中毒或确诊职业病＞1 人	群伤或两人以上重伤	≥300 万	（1）陆上：废气、废液、废物排放但尚不构成被政府部门处罚的；（2）海上：船舶溢油但尚不构成被政府部门处罚的	集团公司关注
5	灾难	职业病致死≥1 人	1 人及以上死亡	≥1000 万	被县级及以上政府部门处罚	地方政府部门关注

4．风险等级评价标准

评价标准即风险矩阵图，见表 8-4 和文末彩色表 8-4。

表 8-4　　　　　　　　　　　　风 险 等 级 评 价

潜在后果等级		可能性等级				
		1	2	3	4	5
		不太可能	可能	很可能	非常可能	几乎肯定
1	轻微	1（1×1）	2（1×2）	3（1×3）	4（1×4）	5（1×5）
2	轻度	2（2×1）	4（2×2）	6（2×3）	8（2×4）	10（2×5）
3	重度	3（3×1）	6（3×2）	9（3×3）	12（3×4）	15（3×5）
4	严重	4（4×1）	8（4×2）	12（4×3）	16（4×4）	20（4×5）
5	灾难	5（5×1）	10（5×2）	15（5×3）	20（5×4）	25（5×5）

在风险评价矩阵中，红色区域（25）代表风险特别重大，应采取工程技术手段规避或控制，并定期监测；橙色区域（15、16、20）代表风险重大，属于高危区，应重点控制与监控；黄色区域（12）代表风险较大，应采取积极的控制措施，防止风险发生；蓝色区域（5、6、8、9、10）代表风险一般，应建立操作规程，加强培训与沟通，防止风险发生；绿色区域（1、2、3、4）代表风险较小，部分风险可以忽略。

5．风险控制措施

针对识别出的危害因素，应优先选择工程控制措施（消除、替代或隔离），在此基础上制定管理控制措施（程序、流程、培训、检查、维护、标识/警示等），最后才考虑个体防护措施。通常情况下，不得将个体防护措施作为唯一的控制措施。

6．风险评估实施

各海上风电项目每年度至少组织一次 HSE 风险评估工作。出现下列情形时，应对事故发生的可能性和危害后果严重程度产生影响进行分析，并根据分析结果调整风险等级和管控措施。

➢ 法律法规、标准规范发生变更，可能影响风险等级；

➢ 组织机构发生重大调整；

➢ 物料、作业条件、生产工艺流程或关键设备设施发生变化；

➢ 新建、改建、扩建项目建设；

➢ 本单位发生生产安全事故或相关行业领域发生重特大生产安全事故；

➢ 行业管理部门、上级部门有专项工作部署或发生其他可能影响风险状况的情形。

在开展 HSE 风险评估前，应确定参与评估工作的人员及组织方式。通常情况下，由3～5 名经验丰富的人员完成，评估人员须由桩基与土建施工队、电气与风机安装队、HSE办公室人员组成。完成 HSE 风险评估结束后应参考表 A-3 的格式编制本项目 HSE 危害辨识及风险评估清单，并报海上风电分公司安全质保办公室备案。

8.6.2.3　风险分级管控

（1）海上风电项目对海上高风险作业实施作业指导书制度，运用作业指导书明确风险和管控措施，并采取承包人、海上风电项目部逐级、逐项核查后签点放行的手段进行标准化管控，保障海上作业安全可控。

（2）海上风电项目对陆上高风险作业实施作业许可和先决条件审查制度，确保安全先决条件得到有效管控。

（3）海上风电项目对其他风险采取隐患排查制度，运用标准化《隐患排查指引》开展隐患排查，确保风险可控。

（4）承包人以落实管控措施和风险负责人、安全监管人来落实风险分级管控（见表A-4）。

8.6.3　隐患排查

8.6.3.1　排查人员范围

各海上风电项目部安健环管理部门、业务管理部门所有员工。

8.6.3.2　排查内容

高处作业、动火作业、海上交通安全、环境保护、起重作业、模板支设、挖掘作业、施工工器具等。

8.6.3.3 隐患分级

按照潜在后果，隐患等级划分为较小、一般、较大、重大、特别重大，见表8-5。

表8-5 隐 患 分 级 说 明

隐患分级	潜在后果说明				
	健康	安全	经济损失（元）	环境	影响
较小	职业健康损害	发生轻微伤害	<50万	基本无影响	项目领导关注
一般	慢性职业中毒或疑似职业病	发生轻伤	≥50万	影响限制在船舶（作业）区域内，并能在24小时内恢复治理的	发包人关注
较大	急性职业中毒或确诊职业病1人	发生重伤	≥100万	（1）陆上：影响作业周围的区域；（2）海上：影响限制在船舶区域内，并能在48小时内恢复治理的	公司或业主公司关注
重大	3人≥急性职业中毒或确诊职业病>1人	群伤或两人以上重伤	≥300万	（1）陆上：废气、废液、废物排放但尚不构成被政府部门处罚的；（2）海上：船舶溢油但尚不构成被政府部门处罚的	集团公司关注
特别重大	职业病致死≥1人	1人及以上死亡	≥1000万	被县级及以上政府部门处罚	地方政府部门关注

8.6.3.4 排查方式

1．日常隐患排查

（1）发包人运用矩阵式检查表（见表A-5）规范日常隐患排查工作。矩阵式检查表在各海上风电项目自定周期内（不能超过1个月）完成人员、作业点、主要风险的全覆盖，做到"全方位、网格化"。

（2）使用《隐患排查指引》（见海上风电工程隐患排查指引）开展隐患排查工作，以给现场检查人员指引，使得隐患排查即是日常合规性评价，使得隐患排查具有权威性，全面提升现场隐患排查质量。

2．专项隐患排查

（1）各海上风电项目根据工程进展，参照《隐患排查指引》执行安全专项隐患排查工作，排查内容必须包含《隐患排查指引》中的所有内容，并对隐患记录在案，向承包商发送《专项隐患排查通知单》（见表A-6）。

（2）重大活动及节假日前隐患排查，在重大活动和节假日前，对消防、用电安全、应急工作等进行的检查。排查结束后，向承包商发送《专项隐患排查通知单》。

（3）事故类别隐患排查：对内外部发生事故事件后的举一反三的隐患排查。排查结束后，向承包商发送《专项隐患排查通知单》。

（4）复工前隐患排查。工程因存在安全问题下达停工令后，或因长假等其他原因暂停施工时间较长，再次施工前进行的隐患排查。排查结束后，向承包商发送《专项隐患排查通知单》。

8.6.3.5 记录方式

（1）日常隐患排查记录在发包人电子化系统中，原则上文明施工类隐患以及已经通过专项隐患排查通知单正式发出的隐患，不录入电子化系统。隐患录入要及时，不得超过1个工作日。录入的隐患应提出明确的整改要求和合理的完成期限，完成期限设置应根据隐患整改的紧迫性和整改难易程度合理设置，与承包人整改责任人协商明确。

（2）专项隐患排查、重大活动及节假日前隐患排查、事故类别隐患排查、复工前隐患排查均通过《专项隐患排查通知单》正式发出。

8.6.3.6 隐患治理与验证关闭

（1）隐患整改责任人在接到隐患整改通知后，应按照整改要求进行整改，并在整改期限内提交整改证明材料申请验证关闭。

（2）隐患发现人或录入人在收到验证关闭的通知后，负责对整改完成情况进行验证，在确认隐患已整改且上传的整改证明材料无误后关闭，不满足整改要求的退回整改环节继续整改，必要时可以采取进一步措施或提出新的整改要求。

（3）隐患在规定时间内不能完成整改的，隐患整改责任人应在整改到期前提出延期申请，说明延期原因，经同意后方可延期。

（4）隐患不能按要求完成整改的，责任由隐患整改责任人承担。

（5）对一个月内无法整改的隐患上报发包人负责人进行亲自督办，2个月内无法整改的隐患报送公司总经理部进行督办。

8.6.3.7 主题巡视

以问题为导向，由各海上风电项目部项目经理召集问题有关承包人项目经理、安全经理到现场解决实际问题。

（1）频次：双周。

（2）问题收集：由各海上风电项目部HSE办公室收集日常隐患排查暴露出的难以整改的问题、反复出现的问题、需要较大资源投入方能整改的问题等。主题巡视前提前编制巡视计划，包含巡视路线、需要解决的问题、关注的高风险作业。

（3）巡视后总结：在现场或会议室召开小结会议，确认问题整改责任人、整改完成时间，形成《主题巡视整改记录单》（见表A-7）。

（4）巡视后跟踪：由各海上风电项目部HSE办公室跟踪，完成情况在下一次主题巡视上通报。

8.7 记　　录

《发包人HSE危害辨识与风险评估清单》《矩阵式检查表》《专项隐患排查通知单》

《主题巡视整改记录单》由各海风项目存档。

8.8 附　　录

（1）表 A-1：HSE 危害特征参照表。

（2）表 A-2：HSE 事故类型参考表。

（3）表 A-3：发包人 HSE 危害辨识与风险评估清单（模板）。

（4）表 A-4：承包商 HSE 危害辨识与风险评估清单。

（5）表 A-5：矩阵式检查表。

（6）表 A-6：专项隐患排查整改通知单。

（7）表 A-7：主题巡视整改记录单。

9

作 业 危 险 分 析

（1）作业危险分析（JHA）是一种可以在作业环境下分析危险源和不安全行为的有效管理办法。在完成工作或明确工作职责的过程中，JHA用以分析单个工作步骤或活动，以识别存在的或潜在的危险源。此方法可以用于日常管理、观察或监察过程中，识别未发现的不明显的潜在危险。

（2）JHA是用于审核作业方法、发现危险的方法。危险在设备、工具、工艺流程或工作区域规划和设计中容易被忽视，通常在施工开始后逐渐暴露，且通常是由于作业程序或施工人员变更而产生的。发包人将JHA作为施工方案审核的必要条件，承包人应当在每一份施工方案中进行详尽的工作危险分析，以确保风险在方案策划环节得到辨识，使得安全措施与施工工序相融合。

9.1 角 色 分 工

角色分工见表9-1。

表9-1 角 色 分 工

角色	主 要 工 作
发包人	明确JHA要求
发包人项目部	由方案审核人员审查承包人报送的施工方案中JHA是否符合要求，监督JHA在现场落实情况
承包人	组织施工负责人、施工班组、技术工程师等有关人员开展JHA编制工作。每一份施工方案中都需要进行JHA分析

9.2 JHA 步 骤

进行工作危险分析的四个基本步骤：

（1）选择待分析工作前，所有设备都必须经过检查。

（2）把作业分解成连续的步骤或行为，并分析这些行为是如何完成的。

（3）识别危险和潜在事件（关键步骤，因为只有识别出问题所在才能纠正或消除危险因素）。

（4）执行安全管理程序以消除危险和预防潜在事件。

9.3 JHA 的 方 法

进行 JHA 最快捷有效的方法是直接观察作业活动进行的过程。但在很多情况下，此方法并不实际或可取。例如：新工作和施工频率低的工作不便于通过直接观察进行工作危险分析，此类工作可以通过观看相关工作视频或与熟悉该工作的人进行讨论，得出工作危险分析。这些流程设计人员包括但不限于一线主管、安全专家、工程师、有经验的员工和外部的承包人。

（1）直接观察。

（2）成组讨论。

（3）观看工作视频。

（4）工作观察。

1）选择合适的被观察者。

2）向其简要介绍 JHA 的目的。

3）观察此人执行工作的过程并将其分解为基本步骤。

4）记录每一个步骤。

5）检查与该作业人员相符的细目分类。

6）选择一位经验丰富、能干、具有良好的合作能力、乐于分享观点的员工，这一点很重要。如果其从未参与过 JHA，向他/她说明 JHA 的目的——通过识别和消除或控制危险源安全地进行工作，并为他/她展示一个完成的 JHA。

（5）四种常见的错误。

1）把大量不需要的步骤列出来使得细目分类过于详细。

2）工作步骤过于简单，基本的步骤都无记录。

3）未确定目标员工的知识和经验水平。

4）未确定最终用途（即用于培训、现有程序、程序依据等）。

（6）评估。

对特定程序进行评估时，提出以下问题：

1）员工应该做什么或不应该做什么——以消除具体的危险源还是预防潜在事件。

2）答案必须精确、详细、有益。通常使用的提示，如"小心""小心使用"或"警惕"是没有用的。答案应陈述该做什么和怎么做。

3）类似"确定扳手不会松动或导致失去平衡"的建议是不完整的，其并没有指出如何防止扳手松动。应给出更加完整的建议，如"安全、适当地放置扳手，并用轻微压力对把手进行测试，施加全力测试前，应靠在固定物体旁，双脚分开一定距离，这样可以防止因扳手松动造成的人身体失去平衡"。

（7）提出解决方案。

实施 JHA 的最后步骤——提出安全工作建议措施，预防出现潜在事件，解决方案：

1）寻找新的作业方法。

2）改变造成危险的物理状态。

3）通过改变工作方法和程序来消除危险。

（8）完成 JHA 表格的说明。

1）JHA 是事件预防的重要手段之一，它是在作业完成之前或危险源变成事故前，查找危险源，将其消除或最小化。

2）运用工作危险分析对作业进行清查，并告知危险源。

3）作为新员工培训指南。

4）高级工程师定期接触工作安全分析，作为一项再培训。

5）对不经常发生的作业进行审查。

6）作为事件调查的工具。

（9）作业危险分析表见附录 B。

10

开工条件检查

　　各海上风电项目实施严格的开工条件审查，对承包人入场开工和"重要首次"实施严格管控，不符合开工条件检查表要求的，一律不准开工。

　　（1）表 C-1：陆上作业承包人开工必要条件检查表。

　　（2）表 C-2：海上作业承包人开工必要条件检查表。

　　（3）表 C-3：风电机组安装平台首台机位施工必要条件检查表。

　　（4）表 C-4：起重船首台机位开工条件检查表。

　　（5）表 C-5：海缆敷设船首条海缆开工条件检查表。

11

人　员　入　场

11.1 角　色　分　工

角色分工见表 11-1。

表 11-1　　　　　　　　　角　色　分　工

角色	主　要　工　作
发包人	（1）明确入场控制要求。 （2）编制《入场安全授权培训教材》
各海上风电项目部	（1）由安健环管理部门审核承包人入场报审资料。 （2）组织入场安全授权培训并发放授权帽贴
承包人	向海上风电项目部报送人员入场材料，由其审批同意后方能到现场作业

11.2　承包人员入场报审要求

承包人员入场报审要求见表 11-2。

表 11-2　　　　　　　　承包人员入场报审要求

类别 （含任何用工形式）	入　场　控　制　要　求
通用要求	□ 人员进场报审表（按照监理单位提供表单执行） □ 个人身体健康状况承诺书（身体健康，无影响工作的残疾、禁忌证，无传染病和其他影响正常工作的疾病。）（附件 D-1） □ 保险凭证（意外伤害险、工伤保险、安全生产责任险） □ 人员进场承诺书（附件 D-2） □ 海上设施工作人员基本安全培训证书（出海作业人员）
施工人员	□ 三级安全教育登记卡 □ 三级安全教育考核试卷（公司级、项目级、班组级） □ 县级及以上医院一年内体检报告 □ 劳动合同扫描件

续表

类别 （含任何用工形式）	入 场 控 制 要 求
特种作业人员	□ 特种作业人员资格证 □ 证件辨伪记录 □ 三级安全教育登记卡 □ 三级安全教育考核试卷（公司级、项目级、班组级） □ 县级及以上医院一年内体检报告 □ 劳动合同扫描件
主要管理人员	□ 三级安全教育登记卡（公司级、项目级） □ 三级安全教育考核试卷（公司级、项目级） □ 县级及以上医院一年内体检报告 □ 劳动合同扫描件 □ 资质（三类人员证件、投标文件中主要管理人员应当具备的资质证件）
船员	□ 培训证书 □ 适任证书 □ 健康证 □ 劳动合同扫描件
临时入场人员 （入场时间小于 15 天的人员）	□ 岗位安全培训教材和签到表
访客	□ 访客安全培训和签到表

11.3　承包人员入场流程

（1）发包人组织人员开展入场安全授权培训，并实施考核。

（2）承包人准备入场报审资料，向所在海上风电项目部安健环管理部门报审。

（3）入场报审资料和入场安全授权培训考核通过后，发包人发放入场安全授权帽贴，允许人员入场。

11.4　人　员　授　权

11.4.1　年龄

（1）在身体健康指标符合的前提下，体力劳动者男性不大于 60 周岁，女性不大于 55 周岁；

（2）行业对从业人员年龄有特殊要求的，应严格遵照行业要求执行。

（3）访客年龄不受限制。

11.4.2　健康

（1）申请入场人员应身体健康，无残疾和职业禁忌证，无不良嗜好。

（2）首次入场前应提供由县级及以上公立医院出具的三个月内常规健康体检报告，

体检报告应印有体检医院专用印章，否则视为无效报告。

（3）从事接触职业病危害因素的人员，应参加由所在单位组织的上岗前职业健康体检，提供由具备职业病诊断资质的公立医疗机构出具的职业健康体检报告，体检报告注明"无职业禁忌证，可继续从事原职业"的，方可给予原工种入场授权。

（4）常规体检报告有效期为 1 年，有效期截止前 1 个月，应向项目部提供最新体检报告，体检报告应由县级及以上公立医院出具，加盖医院公章。

（5）接触职业病危害因素的人员，除提供职业健康体检报告外，还应提供常规健康体检报告；职业健康体检已检查项目，在普通健康体检时可以不再重复检查。

（6）常规体检项目及合格指标见表 D-3，职业健康体检项目及合格标准依照《职业健康监护技术规范》（GBZ 188—2014）执行。

11.5 附 录

（1）表 D-1：个人身体健康状况承诺书。

（2）表 D-2：人员进场承诺书。

（3）表 D-3：常规体检项目及合格指标。

（4）表 D-4：常见工种职业禁忌证。

12

船机技术性能比选及分级管控细则

12.1 定义与缩略语

各海上风电项目部：发包人下设的负责具体项目工程建设和项目执行的管理三级项目组织，履行总包单位职能。

海上风电基础施工船：开展海上风电机组桩基施工的起重、打桩船舶。

风电机组安装平台船：具有活动桩腿且其主体能沿支撑于海底的桩腿升至海面以上预定高度进行作业，并能将主体降回海面和回收桩腿的平台。

海缆敷设施工船：为铺设和修理海底动力电缆或通信电缆而设计的专用船舶。

交通船：接送船员、工人、工具材料等物资往返码头、水上作业现场或其他施工船舶的专门船舶。

锚艇：用于配合大型工程船舶起抛锚作业的工程船舶。

拖轮：用于拖带没有自航能力的施工船舶，根据船舶类别不同，具有起抛锚、海上抢险救助、辅助船舶进出港口/码头等功能。

非自航船舶：无动力系统的风电机组安装平台、海缆敷设船、基础施工船、坐底船、半潜船等非自航船舶（不包含有最低配员证书的非自航船）。

12.2 目的

规范海上风电船舶船机性能评价比选、入场前资料审核、入场后技术检查等控制环节，保障施工质量和施工安全。

12.3 适用范围

海上风电项目主要施工船舶：海上风电基础施工船、风电机组安装平台船、海缆敷设施工船、交通船、锚艇、拖轮等。

12.4 职　　责

12.4.1　发包人

收集建设单位、各海上风电项目部意见，结合国家法律、法规要求以及现场施工特点进行编制、修订。

12.4.2　各海上风电项目部

落实要求，并在本单位内部执行船舶安全管理制度，落实管控责任。

12.5 船 机 比 选 评 价

本节规定了海上风电施工船机评标阶段性能评价比选的技术维度和参考分值，总分值为 100 分。各海上风电项目部可根据项目风电场的实际情况或不同船机类型特点，对具体的技术参数及分值进行适当调整。

范围包括基础施工船、风电机组安装平台、海缆敷设船。

对于评价得分低于 60 分的船机，不建议引入施工。

（1）施工性能参数评价（共 50 分）见表 12-1。

表 12-1　　　　　　　　　　　　施工性能参数评价表

项　目		参　数　评　价
基础施工船	1. 一票否决	改变出厂设计功能的基础施工船
	2. 起重机参数	（1）起重机载荷率 80% 及以下，15～25 分； （2）起重机载荷率 80%～90%，10～15 分； （3）起重机载荷率 90% 及以上，0～10 分
		（1）配备全回转起重机，得 10 分； （2）配备桅杆式起重机，得 5～8 分
	3. 船舶先进性	（1）DP2 及以上，得 5 分； （2）DP1，得 2 分
基础施工船	4. 船机分类	（1）带主推进动力系统，得 10 分； （2）无主推进动力系统，得 5 分；如无专用拖轮，得 0 分
风电机组安装平台船	1. 一票否决	（1）三腿平台船； （2）改变出厂设计功能的风电机组平台船
	2. 起重机参数	（1）起重机载荷率 80% 及以下，10～15 分； （2）起重机载荷率 80%～90%，5～10 分； （3）起重机载荷率 90% 及以上，0～5 分
		（1）带固定辅助吊机，得 5 分； （2）无固定辅助吊机，得 3 分

项	目	参 数 评 价
风电机组安装平台船	3. 船舶先进性	（1）风电场内自航自升式安装作业船，得 10 分； （2）非自航自升式安装作业船，得 5 分；如无专用拖轮，得 0 分
		（1）DP2 及以上，得 5 分； （2）DP1，得 2 分
		（1）抗风等级 15 级及以上，得 5 分； （2）抗风等级 15 级以下，得 2 分
	4. 船机分类	（1）专用的风电机组安装平台，得 10 分； （2）起重船、半潜平台，得 3 分
海缆敷设施工船	1. 一票否决	NA
	2. 施工参数	（1）埋设犁深度≥5m，得 20～30 分； （2）埋设犁深度 4～5m，得 10～20 分； （3）埋设犁深度≤4m，得 1～10 分
	3. 船舶先进性	（1）可至少携带两套缆盘，得 10 分； （2）可携带一套缆盘，得 0～5 分
		（1）带 DP 定位系统或定位锚≥7t，得 10 分； （2）无 DP 定位系统或定位锚≥7t，得 0～5 分
	4. 船机分类	（1）带主推进动力系统，得 10 分； （2）无主推进动力系统，得 5 分；如无专用拖轮，得 0 分

（2）船体状态及施工经验评价（共 50 分）见表 12-2。

表 12-2   船体状态及施工经验评价

项目	验 收 评 价
出厂船龄	（1）1 年及以下，得 2~5 分； （2）1～5 年，得 10 分； （3）5～10 年，得 5 分； （4）10 年以上，得 2 分
作业经验	（1）20 台（根）以上，得 10 分； （2）20 台（根）以下，得 5 分； （3）无作业经验，得 0 分
海域经验	（1）具有本项目海域施工经验，得 5～10 分； （2）具有其他海域施工经验，得 0～5 分
主要船员［船长、轮机长、吊机长、DP 操作员（如有）等］配置	（1）有三年以上相关海上风电施工经验，得 10 分； （2）有三年以下相关海上风电施工经验，得 5～8 分； （3）无相关经验，得 0 分
安全业绩	（1）未发生过相关安全事故，得 10 分； （2）曾发生过安全事故，得 0 分

12.6 船 机 性 能 评 分

（1）范围：基础施工船、风电机组安装平台、海缆敷设船、交通船、锚艇、拖轮。

（2）在船机入场后，海上风电项目部需在一周内组织各方对船舶性能状态及重点设备进行检查评分，内容及评分标准可参考附录，或根据实际情况进行适应性调整。

（3）评分维度分为 A/B/C 三个维度（如评分维度不适用该类船型，则该项不进行评分），其中：

1）维度 A 为一票否决，不得进场；

2）维度 B 为扣分项；

3）维度 C 为加分项。

（4）如最终扣除分数（维度 B 与维度 C 累加），其中：

1）扣分在 0 分及以下，则为第一档，评为优秀；

2）扣分在 0~40 分之间，则为第二档，评为合格；

3）扣分超过 40 分，则为第三档，评为不合格。

4）对于评分为不合格的船舶，限期进行整改；如复查仍不合格，则立即停工进行整顿，情节严重的勒令退场。

12.7 附　　　录

（1）表 E-1：通用评分项目。

（2）表 E-2：特殊评分项目。

（3）表 E-3：非自航船舶最低配员要求。

13

船舶安全管控细则

13.1 定 义 与 缩 略 语

（1）自升式平台：具有活动桩腿且其主体能沿支撑于海底的桩腿升至海面以上预定高度进行作业，并能将主体降回海面和回收桩腿的平台。

（2）坐底式平台：具有单个或多个船形或驳船形排水型浮体构造的，在漂浮状态下作业的平台。可分为船式平台和驳船式平台：

1）船式平台：具有推进机械的水面式平台。

2）驳船式平台：无推进机械的水面式平台。

（3）船舶准备阶段：船舶具备海上作业条件前的阶段。

（4）DOC：公司符合证明。

（5）SMC：船舶安全管理证书。

13.2 适 用 范 围

船舶：自升式平台、坐底式平台、起重船、海缆敷设船、运输船、拖轮、交通艇、锚艇。

13.3 角 色 分 工

角色分工见表 13-1。

表 13-1　　　　　　　　　　　角 色 分 工

角色	分　　　工
发包人	（1）制定并修订船舶安全控制细则。 （2）明确船舶隐患排查标准
各海上风电项目部	（1）执行并向发包人反馈执行过程中存在的问题。 （2）入场验收：对船舶实施资料审核和现场状态审核。 （3）作业：

角色	分　　工
各海上风电项目部	1）自升式平台：备案《自升式平台插拔桩腿风险控制单》、插拔桩记录、安全技术交底记录、起重设备日检记录、在船人员信息，执行《高风险作业指导书》。 2）坐底式平台：备案《坐底式平台下潜、浮起风险控制单》、坐底记录、安全技术交底记录、起重设备日检记录、在船人员信息，执行《高风险作业指导书》。 3）起重船：备案安全技术交底记录、起重设备日检记录、当日船舶信息，执行《高风险作业指导书》。 4）海缆敷设船：备案安全技术交底记录、敷设设备日检记录、当日船舶信息，执行《高风险作业指导书》。 5）运输船：核实船舶证书、船员培训证书、船员适任证书、健康证。 6）拖轮：备案当日船舶人员信息。 7）交通船：备案当日船舶人员信息。 8）锚艇：备案当日船舶人员信息。 （4）船舶检查。原则上以一个月为周期对自升式平台、坐底式平台、起重船、海缆敷设船、交通船使用隐患排查标准进行安全检查。 （5）应急管理。 1）针对主要风险制定应急预案并组织有关人员培训，将应急处置措施制作成应变部署卡交驻船工程师随身携带。 2）配置应急物资，并以月度为单位核实应急物资可用性。 3）参与应急演练
承包人	（1）入场验收：报审船舶资料，并参与船舶现场状态审核。 （2）作业：执行 12.5 所有要求。 （3）船舶检查：聘请第三方机构对船舶开展专业检查。 （4）应急管理要求： 1）应急预案及应急培训：针对主要风险制定应急预案并组织在船施工人员培训，将应急处置措施制作成应变部署卡，张贴于每个宿舍。 2）应急物资：按照应急预案配置应急物资，并以月度为单位进行核查，并留存记录。 3）应急演练：组织发包人、船方商讨应急演练计划，并组织应急演练，留存演练照片和记录

13.4　船舶入场验收

13.4.1　入场验收流程

船舶入场验收包含资料审核和现场状态审核。严禁未经安全技术论证的海上作业平台入场。所有船舶入场需承包人项目经理、发包人项目经理签字确认。

入场验收流程如图 13-1 所示。

承包人必须在船舶进入项目用海红线前完成资料审核，审核合格后方可进入项目用海区域。资料审核使用监理单位的报审表，但需要包含表 13-2 中内容。

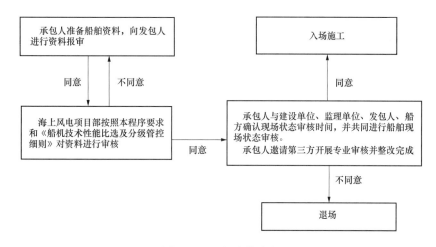

图 13-1　入场验收流程

表 13-2　　　　　　　　　资 料 审 核 表

分类	资料审核内容
自升式平台	□ 法定船舶证书（国籍证书、最低安全配员证书、船舶法定检验证书、公司符合证明、船舶安全管理证书） □ 船员培训合格证、船员适任证书和船员健康证明 □ 插拔桩腿操作手册（或操作规程） □ 租赁协议（租赁船舶） □ 改造证明文件 □ 插拔桩腿突发事故应急预案（或应急处置措施） 备注：各海上风电项目部在对平台改造记录审核过程中，如发现桩腿及有关插拔桩系统有改造记录，应确认桩腿操作规程为改造后修订的操作规程。船舶法定检验证书审核对照船舶法定检验证书标准（见表 F-1）。文书与资料不列为入场审核内容，列为船舶检查内容
坐底式平台	□ 法定船舶证书（国籍证书、最低安全配员证书、船舶法定检验证书、公司符合证明、船舶安全管理证书） □ 船员培训合格证、船员适任证书和船员健康证明 □ 坐底式平台操作手册（或操作规程）（备注：中文版） □ 租赁协议（租赁船舶） □ 改造证明文件 □ 坐底式平台突发事故应急预案（或应急处置措施）
起重船	□ 法定船舶证书（国籍证书、最低安全配员证书、船舶法定检验证书、公司符合证明、船舶安全管理证书） □ 船员培训合格证、船员适任证书和船员健康证明 □ 租赁协议（租赁船舶） □ 船舶改造证明文件 □ 船用起重机突发事故应急预案（或应急处置措施）（备注：船用起重机入场报审已有词条，此处不再重复报审）
海缆敷设船	□ 法定船舶证书（国籍证书、最低安全配员证书、船舶法定检验证书、公司符合证明、船舶安全管理证书） □ 船员培训合格证、船员适任证书和船员健康证明 □ 租赁协议（租赁船舶） □ 船舶改造证明文件

分类	资料审核内容
交通船 锚艇 拖轮	□ 法定船舶证书（国籍证书、最低安全配员证书、船舶法定检验证书、公司符合证明、船舶安全管理证书） □ 船员培训合格证、船员适任证书和船员健康证明 □ 租赁协议（租赁船舶） □ 船舶改造证明文件 □ 人员落水应急预案（或应急处置措施）
运输船	□ 法定船舶证书（国籍证书、最低安全配员证书、船舶法定检验证书、公司符合证明、船舶安全管理证书） □ 船员培训合格证、船员适任证书和船员健康证明

承包人至少提前 3 天按照《船舶安全控制细则》中规定的各类型船舶资料报审内容向发包人报审船舶资料，发包人对照各类别船舶法定证书、文书、资料标准对船舶实施审核，不符合要求的坚决不允许入场施工。

13.4.2 现场状态审核

在完成船舶资料审核后，船舶可暂时进入项目用海区域。由承包人与建设单位、监理单位、发包人、船方确认现场状态审核时间并共同开展船舶现场状态审核。各海上风电项目部安健环管理部门应当在现场状态审核开始前主动联系监理单位、建设单位确认船舶现场状态内容。进行船舶现场状态审核的有关各方应当在审核表上签字确认。

同时要求承包人邀请经发包人和业主公司认可的第三方对除临时船舶外所有船舶执行专业审核并出具审核报告。

承包人在完成"四方联合检查"所提问题和第三方专业审核所提问题整改后，向发包人提供有关验证材料，方可允许施工作业。

13.5 作　　业

13.5.1 自升式平台

1. 施工准备阶段

自升式平台施工准备阶段作业见表 13-3。

表 13-3　　　　　　　　　自升式平台施工准备阶段作业

举措	具 体 任 务	完成时间	责任方
施工方案	（1）项目部对打桩过程中出现溜桩的机位进行统计分析，及时反馈给风电机组安装单位，辨识是否与地质勘探存在较大差异，记录在风险控制单中	插拔桩作业前	各海上风电项目部
	（2）制定《防穿刺专项措施和应急预案》	开工前	承包人
	（3）施工方案中增加船机准备阶段风险分析及管控。施工方案需要承包人项目经理、发包人项目经理签字确认	开工前	承包人

续表

举措	具 体 任 务	完成时间	责任方
施工方案	（4）自升式平台作业的每个机位均需要有插拔腿计算书、施工方案、防穿刺专项措施和应急预案	插拔桩作业结束后	承包人
提升地质勘察准确性	（1）按照行业标准项目的静力触探钻孔比例增加到20%	项目开工前完成	发包人
	（2）由风电机组安装单位对地质勘查报告进行分析，评估是否需要对插桩点位实施补充勘查，提升地质勘查的准确性	项目风电机组安装工作开始前	承包人
明确风电机组安装平台选择	禁止三腿平台船入场；禁止无操作经验船员操作插拔系统	风电机组安装船进场前把关	各海上风电项目部
插拔桩操作规程作为入场报审必要条件	船方根据操作手册编制自升式平台插拔桩操作规程并向发包人报备，作为风电机组安装平台入场资料审核的必要项	风电机组安装平台船入场前完成	承包人

2. 作业前管控

自升式平台作业前管控见表13-4。

表13-4　　　　　　　　　　自升式平台作业前管控

举措	具 体 任 务	完成时间	责任方
提升插拔桩计算精度	聘请第三方对报告进行复核	风电机组安装机位施工方案评审	承包人

3. 作业中管控

自升式平台作业中管控见表13-5。

表13-5　　　　　　　　　　自升式平台作业中管控

举措	具 体 任 务	完成时间	责任方
严格执行插拔桩风险管控单	执行插拔桩风险控制单，由船方、施工方二级签点验证，对插拔桩风险防范措施落实情况进行严格把关	每次插拔桩作业过程	承包人
建立插深偏差决策机制	当计算插深与实际插深偏差超出警戒值（警戒值已明确在插拔桩风险控制单中）时，由施工方协调计算单位、船方等相关方对后续操作进行决策	每次插拔桩作业过程	承包人
预压载环节关键管控	发包人对预压载环节实施重点管控，当插深偏差大于警戒值时，驻船工程师即时提醒。如施工方不采取措施，发包人将发布停工指令	每次插拔桩作业过程	各海上风电项目部

举措	具 体 任 务	完成时间	责任方
落实3条红线	严格执行3条红线： □ 插拔桩作业过程中严禁与操船无关人员在甲板上逗留。 □ 插拔桩作业过程中严禁使用平台上的吊车和在平台上移动重物。 □ 插拔桩作业过程中严禁开展其他作业	每次插拔桩作业过程	承包人

4. 作业后管控

自升式平台作业后管控见表13-6。

表 13-6　　　　　　　　　　　　自升式平台作业后管控

举措	具 体 任 务	完成时间	责任方
桩腿检查制度	每次插拔桩作业结束后，由船方检查插拔桩系统完好性，并留存检查记录	每次插拔桩作业结束后	承包人
	对照《桩腿检查标准》，复核承包人检查记录并对桩腿实施目视检查	每次插拔桩作业结束后	各海上风电项目部
提升插拔桩计算精度	由承包人对插深偏差大的插拔桩方案进行计算复核，提升后续插拔桩方案计算精度	插深偏差大机位施工后1个星期内完成	承包人
备案	备案风险控制单、插拔桩第三方计算复核报告、站桩记录、桩腿检查记录	插拔桩作业结束后	各海上风电项目部

5. 吊装作业阶段

经过培训的插拔桩操作人员在吊装作业阶段必须在驾驶室轮流值守，在确保平台时刻处于安全状态的条件下配合承包人开展吊装作业。

（1）先决条件检查。

1）人员：完成人员数量核定工作（在船人员名单）、确认安全监管人员在场、特种作业人员资质符合要求。

2）设备：确认起重设备处于安全可用状态。

3）方案：完成安全技术交底，施工方案审批完成。

4）环境：作业环境符合吊装工作条件。

要求安全技术交底记录（注明方案审批时间）、起重设备日检记录（上有确认合格字样）每个机位向海上风电项目部报备。当日船舶信息（含在船人员名单、当日作业环境）每日向海上风电项目部报备。

（2）作业过程控制。按照海上高风险作业指导书执行。

13.5.2　坐底式平台

1. 施工准备阶段

坐底式平台施工准备阶段作业见表13-7。

表 13-7 坐底式平台施工准备阶段作业

举措	具 体 任 务	完成时间	责任部门
施工方案	（1）施工方案中增加坐底式平台拖航、就位、下潜、浮起风险分析及管控。施工方案需要承包人项目经理、委托代建管理单位项目经理签字确认	开工前	各海上风电项目部
	（2）制定《坐底式平台风险管控专项措施和应急预案》	开工前	承包人
	（3）聘请第三方对坐底式平台风险管控专项措施和应急预案进行评审	开工前	承包人
	（4）坐底式平台作业的每个机位均需要有操作规程、施工方案、风险管控专项措施和应急预案	每台机位	承包人
地质要求	（1）组织地质勘查单位向坐底式平台有关方进行交底	开工前	各海上风电项目部
	（2）若海床表层为流塑状淤泥且覆盖层较厚时，可能会造成无法承重进而下陷量超标起浮困难，需要提前进行承载力试验进行验证	开工前	承包人
	（3）施工前需进行海床平整度扫测，保证拟坐底位置范围内纵、横倾角满足设计要求，防滑移、防倾覆	开工前	承包人
明确风电机组安装平台选择	禁止无操作经验船员操作下潜与浮起系统。配备专业能力满足要求的压载操作员	进场前把关	各海上风电项目部
下潜与浮起规程作为入场报审必要条件	（1）船方根据操作手册编制坐底式平台下潜与浮起操作规程并向发包人报备，作为风电机组安装平台入场资料审核的必要项。 （2）组织相关专业操控人员学习船舶操作手册，搞清楚此类船舶设计原理及使用需注意事项，并充分交流总结，遇到困难时正确应对	入场前完成	承包人

2. 作业前管控

坐底式平台作业前管控作业见表 13-8。

表 13-8 坐底式平台作业前管控作业

举措	具 体 任 务	完成时间	责任部门
施工方案	（1）设置不同危险状况进行桌面演练和实操演练，提高压载团队和项目管理团队风险管控能力	第一次作业前	承包人
	（2）平台人员应根据气象及海况合理选择作业窗口，并确保超压量准确	每次作业前	承包人

3．作业中管控

坐底式平台作业中管控作业见表 13-9。

表 13-9　　　　　　　　　　坐底式平台作业中管控作业

举措	具　体　任　务	完成时间	责任部门
严格执行下潜与浮起风险管控单	编制《下潜与浮起风险控制单》，由船方、施工方二级签点验证,对下潜与浮起风险防范措施落实情况进行严格把关	每次作业过程	承包人
落实 3 条红线	严格执行 3 条红线: □下潜与浮起作业过程中严禁与操船无关人员在甲板上逗留。 □下潜与浮起作业过程中严禁使用平台上的吊车和在平台上移动重物。 □下潜与浮起作业过程中严禁开展其他作业。	每次作业过程	承包人
监测 GM 值	通过装载计算机计算出的实时 GM 值必须大于设计最小值,保证平台稳性	每次作业过程	承包人
安全距离	上层平台最底部距离最大设计波峰界面之间净距离需满足设计要求	每次作业过程	承包人
冲刷监测	采用冲刷工况进行储备力矩的计算分析结果指导施工,同时做好冲刷防护和定点定时监测工作,做好数据记录与分析,发现异常状况采取紧急措施起浮移位	每次作业过程	承包人
超压量和对地压力	平台作业人员要确保所有传感器数据准确(无压力传感器时通过装载仪实时数据与理论值对比),保证压载量与计算值一致,不允许在较硬地质上过载超压,破坏船底板结构	每次作业过程	承包人
防止平台滑移风险	系泊锚处于工作状态,提供额外的抗滑移力	每次作业过程	承包人
避免平台下陷风险	下潜作业时,应尽量缓慢,施加超压量压载水时应逐步操作,分步骤达到预定超压量	每次作业过程	承包人
防止起浮稳性风险	当吸附力过大时,应多次进行对底冲刷,不可过量不平衡排载达到加大浮力的方式起浮,造成过大的纵倾现象,甚至平台倾覆事故	每次作业过程	承包人

4．作业后管控

坐底式平台作业后管控作业见表 13-10。

表 13-10　　　　　　　　　　坐底式平台作业后管控作业

举措	具　体　任　务	完成时间	责任部门
压载系统检查制度	每次下潜与浮起作业结束后,由船方检查压载系统完好性,并留存检查记录	每次作业结束后	船方
备案	备案风险控制单、下潜与浮起记录、压载系统检查记录	每次作业结束后	船方

5.吊装作业阶段

经过培训的坐底操作人员在吊装作业阶段必须在驾驶室轮流值守,在确保平台时刻处于安全状态的条件下配合承包人开展吊装作业。

(1)先决条件检查。

1)人员:完成人员数量核定工作(在船人员名单)、确认安全监管人员在场、特种作业人员资质符合要求。

2)设备:确认起重设备处于安全可用状态。

3)方案:施工方案审批完成,完成安全技术交底。

4)环境:作业环境符合吊装工作条件。

要求安全技术交底记录(注明方案审批时间)、起重设备日检记录(上有确认合格字样)每个机位向海上风电项目部报备。当日船舶信息(含在船人员名单、当日作业环境)每日向海上风电项目部报备。

(2)作业过程控制。按照海上高风险作业指导书执行。

13.5.3　起重船

1.安全先决条件

定位前对安全先决条件进行检查确认。

(1)人员:操船人员无合格的资质证件不得操船。

(2)船舶:对船舶进行检查并确认处于可用状态。

(3)方案:《机位施工方案》《突发事故应急预案》在平台驾驶室放置,并确认为有效版本。

(4)环境:确认风、浪、涌符合平台作业工况。

(5)应急物资:救生艇、救助艇、救生筏、救生衣等处于随时可用状态。

(6)风险控制:要求承包人对船舶抛锚进行风险辨识。

2.船舶准备阶段

落实船舶抛锚风险管控措施。

3.吊装作业阶段

操船人员在吊装作业阶段必须在驾驶室轮流值守,在确保船舶时刻处于安全状态的条件下配合承包人开展吊装作业。

(1)先决条件检查。

1)人员:完成人员数量核定工作(在船人员名单)、确认安全监管人员在场、特种作业人员资质符合要求。

2)设备:确认起重设备处于安全可用状态。

3)方案:施工方案审批完成,完成安全技术交底。

4)环境:作业环境符合吊装工作条件。

要求安全技术交底记录(注明方案审批时间)、起重设备日检记录(上有确认合格字样)每个机位向海上风电项目部报备。当日船舶信息(含在船人员名单、当日作业环境)每日向海上风电项目部报备。

（2）作业过程控制。按照海上高风险作业指导书执行。

13.5.4　海缆敷设船

1．安全先决条件

定位前对安全先决条件进行检查确认。

（1）人员：操船人员无合格的资质证件不得操船。

（2）船舶：对船舶进行检查并确认处于可用状态。

（3）方案：《施工方案》《突发事故应急预案》在平台驾驶室放置，并确认为有效版本。

（4）环境：确认风、浪、涌符合平台作业工况。

（5）应急物资：救生艇、救助艇、救生筏、救生衣等处于随时可用状态。

（6）风险控制：要求承包人对海缆敷设过程进行风险辨识。

2．船舶准备阶段

落实船舶抛锚风险管控措施。

3．海缆敷设作业阶段

（1）先决条件检查。

1）人员：完成人员数量核定工作（在船人员名单）、确认安全监管人员在场、特种作业人员资质符合要求。

2）设备：确认敷设设备处于安全可用状态。

3）方案：施工方案审批完成、完成安全技术交底。

4）环境：作业环境符合吊装工作条件。

要求安全技术交底记录（注明方案审批时间）、敷设设备日检记录（上有确认合格字样）每个机位向海上风电项目部报备。当日船舶信息（含在船人员名单、当日作业环境）每日向海上风电项目部报备。

（2）作业过程控制。按照海上高风险作业指导书执行。

13.5.5　运输船

（1）运输船舶在进入征海红线范围前，将船舶证书、船员培训证书、船员适任证书、健康证向海上风电项目部报备，获得批准后方可进入征海红线范围。

（2）在靠近作业船之前，应对抛锚、绞锚风险进行辨识，遵守锚泊操作规程，与作业船取得通信联系，防止发生碰撞作业船事件。

（3）协助作业船上的施工人员上下吊篮。

（4）有权利制止施工人员在运输船上的不合规行为。

13.5.6　拖轮

1．安全先决条件

（1）人员：拖轮船员持证且满足最低安全配员要求。

（2）船舶：使用拖缆进行有效固定。

（3）方案：《施工方案》《突发事故应急预案》（含火灾、人员落水、弃船）在平台驾驶室放置，并确认为有效版本。

（4）环境：确认风、浪、涌适合拖航。

（5）应急物资：救生艇、救助艇、救生筏、救生衣等处于随时可用状态。

（6）风险控制：要求承包人制定拖航风险分析及控制措施。

2．拖航移位阶段

（1）按照操作规程，落实拖航风险分析及控制措施。

（2）要求当日船舶信息（含在船人员名单、当日作业环境）每日向委托建设管理单位报备。

13.5.7　交通船

1．风险告知与成员范围

各单位应对乘坐交通船的员工及访客开展安全教育，以确定其掌握必要的安全要求和注意事项。交通船供海上风电项目管理人员、施工人员及业主、监理人员乘坐；其他工作人员乘坐前应由海上风电项目分管领导通知交通船，闲杂人员一律不准上船。

2．安全要求

（1）乘坐要求：

1）交通船应按额定载员载人，严禁超员航行。交通船应记录上下船人员名单（含姓名、单位、上/下船时间），并监督乘员使用二维码进行登记。

2）乘坐交通船安全要求应当张贴于明显位置，并督促乘员阅读。

3）乘员上下交通船期间，交通船须指派专人旁站提醒及指导，乘员应给予配合。

4）乘员上下交通船及乘坐期间须穿好救生衣（船舱内除外），严禁穿戴气胀式救生衣的人员上船。

5）来往施工现场须乘坐指定交通船，不得搭乘其他船只。

6）船上严禁装载或携带易燃易爆及危险有毒物品。

（2）航行安全：

1）船舶调度应充分评估海况及天气后决定是否安排交通船出海，原则上夜间不得安排出海，应急抢险除外。

2）乘船人员禁止上驾驶台、船顶棚，以免影响交通船操作。

3）登船前和下船后，船长应对乘员人数进行清点。交通船以一个航次为单位记录船舶上人员信息（含船员和乘员），并以天为单位向海上风电项目部报备。

（3）靠泊安全：

1）交通船靠泊施工作业船前，应预先与施工作业船取得联系，确定靠泊位置及上下船方法。乘员在交通船与作业船间换船前，作业船船长及安全管理人员应根据即时海况决定乘员能否换船，决定针对每一位乘员，无一例外。

2）承包人应指派专人指导人员从交通船登陆作业船，以确保安全。

3）乘员上下交通船，应待交通船靠稳后，按顺序上下；上下船时，严禁嬉戏、打闹或翻越栏杆，与缆绳及缆桩保持安全距离。

4）现场风浪较大时，交通船应保证系船缆绳的强度，避免因缆绳断裂出现人员受伤、落水等现象发生，同时，交通船还应准备好太平斧等应急设施，保证在紧急情况下交通船能及时脱离。

5）作业完毕后，交通船抛锚待令时，应通知现场调度，并在调度指定的水域抛锚，不可擅自决定抛锚地点，避免锚位对工程构筑物可能造成的损害。

13.5.8　锚艇

（1）应对抛锚、起锚风险进行辨识。船舶抛锚前应充分了解锚位附近及地质情况，并避开海底电缆、天然气管道、水下构筑物和禁锚区抛锚。抛起锚应遵守锚泊操作规程，应根据施工水域的水底土质、水深、水流、风向等，确定抛出锚链长度。

（2）当日船舶人员信息，需要报送海上风电项目部备案。

13.6　船　舶　检　查

（1）实施船方自检、承包人定检、发包人抽检、船舶年度检验四级检查制度。

（2）除临时船舶外所有船舶必须执行 CCS 或经发包人和业主公司认可的第三方入场审核制度。（临时船舶：单航次运输船、交通船、拖轮）

（3）船方自检：船方按照船舶管理体系要求执行检查、维护、保养、维修工作。

（4）承包人定检：承包人建立船舶安全管理制度，定期对船舶实施安全检查。

（5）发包人定检：原则上以一个月为周期对自升式平台、坐底式平台、起重船、海缆敷设船、交通船使用隐患排查标准进行安全检查。

（6）第三方专业检查：由承包人联系中国船级社对船舶及附属设施进行第三方专业检查，并出具检查意见。

（7）年度检验：船舶按照法规要求实施年度检验。

13.7　应　急　管　理　要　求

1．应急预案体系

（1）发包人、承包人、船方应当针对主要风险制定应急预案或应急处置措施，确保应急处置行动相互衔接。

（2）承包人应当将针对在船施工人员的应急处置措施，制作成应变部署卡，张贴于每间宿舍，并确保应急处置措施与船舶应变部署卡相衔接。

2．应急培训

（1）发包人、承包人、船方应按照法规要求分别向管辖人员进行应急预案培训，确保应急预案传达到个人，并留存记录。

（2）船方应按照国家海事要求组织船员开展应急设施操作培训工作。

（3）发包人、承包人应当组织管辖内人员开展救生衣使用培训，并留存记录。

3．应急物资

（1）发包人、承包人应当按照应急预案规定，配置应急物资，并以月度为单位核实应急物资可用性。

（2）船方应当按照国家海事要求，确保应急设施数量符合船舶检验记录簿要求，应急设施状态处于完好状态。

4．应急演练

海上风电项目部、承包人、船方应共同制定应急演练计划，并共同开展应急演练，以检验应急预案的有效性，留存演练照片和演练总结。

13.8 退 场 管 理

执行监理单位船舶退场管理要求。

13.9 记 录

1．入场验收

（1）资料审核记录。

（2）现场状态审核记录。

2．作业中

（1）自升式平台：《自升式平台插拔桩风险控制单》、平台站桩记录、安全技术交底记录、起重设备日检记录、当日船舶信息、《高风险作业指导书》。

（2）坐底式平台：《坐底式平台下潜、浮起风险控制单》、平台坐底记录、安全技术交底记录、起重设备日检记录、当日船舶信息、《高风险作业指导书》。

（3）起重船：安全技术交底记录、起重设备日检记录、当日船舶信息、《高风险作业指导书》。

（4）海缆敷设船：安全技术交底记录、敷设设备日检记录、当日船舶信息、《高风险作业指导书》。

（5）运输船：船舶证书、船员培训证书、船员适任证书、健康证。

（6）拖轮：当日船舶信息。

（7）交通船：当日船舶信息。

（8）锚艇：当日船舶信息。

3．船舶检查

（1）安全检查记录。

（2）船舶第三方专业检查记录。

4．应急管理

（1）应急预案。

（2）应急预案培训记录。

（3）救生衣使用培训记录。

（4）应急物资清单。

（5）应急演练记录。

13.10 附 录

（1）表 F-1 船舶法定检验证书、文书与资料标准。

（2）表 F-2 自升式平台插拔桩作业风险控制单模板。

（3）表 F-3 平台站桩记录。

（4）表 F-4 坐底式平台下潜与浮起作业风险控制单模板。

14

机械设备与施工工器具管控细则

14.1 定义与缩略语

船用起重机：是船舶自备的用于装卸货物的装置和机械，通俗理解即为永久固定在船舶上的起重设施。

14.2 目　的

规范海上风电项目机械设备进/退场、安装、验收、使用等环节的安全管理，明确施工工器具安全管理要求，保障人身和财产安全。

14.3 适用范围

（1）关键机械设备：进入海上征地红线内作业的船用起重机、履带式起重机及其他特种设备；进入陆上集控中心施工的汽车式起重机、履带式起重机、塔式起重机、叉车。

（2）一般机械设备：用于海上作业、陆上集控中心施工的机械设备（非特种设备），含自卸车、挖掘机、打桩机、钢筋加工机械、木工加工机械、混凝土搅拌机、泵车、电焊机等。

（3）施工工器具：用于海上作业、陆上集控中心施工的小型电动、气动工器具，含切割机、磨光机、电钻等。

14.4 角色分工

角色分工见表 14-1。

表 14-1　　　　　　　　　　角　色　分　工

角色	分　工
关键机械设备分工	
发包人	（1）制定并修订《机械设备和施工工器具安全控制细则》。 （2）明确关键机械设备隐患排查标准

角色	分　　工
各海上风电项目部	（1）执行本细则，并向发包人反馈执行过程中存在的问题。 （2）对关键机械设备进行入场验收，并对关键机械设备资料进行备案。 （3）按照程序要求使用隐患排查标准对承包人关键机械设备管理情况进行检查
承包人	（1）提前准备资料和确定设备入场时间，进行入场报审。建立关键机械设备台账，并向海上风电项目部报备。 （2）建立机械设备和施工工器具相关隐患治理、应急救援安全管理制度并执行。 （3）对关键机械设备进行隐患排查和治理，对于重大隐患要立即停工整改，严禁带病作业。 （4）按照法规、标准及使用说明书的要求对关键机械设备进行检查、维护、保养工作。对检查、维护、保养工作执行的有效性进行定期复查和整改。 （5）结合实际配备特种设备安全管理人员。 （6）按照规定配备检查、维护、保养人员，并进行名单公示。 （7）组织对检查、维护、保养人员进行安全教育和技能培训。 （8）规范建立关键机械设备档案。 （9）按照法规要求进行登记、定期检验。 （10）制定《关键机械设备事故应急预案》，并结合施工周期进行应急演练
一般机械设备分工	
发包人	明确一般机械设备隐患排查标准
各海上风电项目部	（1）执行本细则，并向发包人反馈执行过程中存在的问题。 （2）使用隐患排查标准对一般机械设备进行隐患排查
承包人	（1）建立一般机械安全管理制度并执行。 （2）对一般机械设备进行隐患排查和治理，对于发现的重大隐患要立即停工整改
施工工器具分工	
发包人	明确施工工器具隐患排查标准
各海上风电项目部	（1）执行本细则，并向发包人反馈执行过程中存在的问题。 （2）对施工工器具进行隐患排查
承包人	（1）建立施工工器具安全管理制度并执行。 （2）对施工工器具进行隐患排查和治理

14.5　关键机械设备

14.5.1　入场验收

海上风电项目部对拟进入现场施工的关键机械设备进行入场验收（参考使用附表G-1关键机械设备入场验收表）。入场验收包含资料审核和状态审核。严禁资料不全和（或）状态不符合要求的关键机械设备进场施工，把好入口关。资料审核和状态审核内容见表 14-2。

表 14-2   资料审核和状态审核内容

关键机械设备	资料审核内容	状态审核内容
船用起重机	（1）使用说明书。 （2）检查/维护/保养记录。 （3）船舶起重设备证书。 （4）船用起重机损坏事故应急预案	使用《船用起重机隐患排查标准》对船用起重机进行入场状态核查
履带式起重机	（1）使用说明书。 （2）检查/维护/保养记录。 （3）租赁协议（如有）。 （4）年度检验报告及安全使用合格证。 （5）产品合格证明。 （6）履带式起重机损坏事故应急处置措施	使用《履带式起重机隐患排查标准》对其入场状态进行核查
汽车式起重机	（1）产品合格证明。 （2）年度检测报告。 （3）使用说明书（自备和长期租赁需核验）。 （4）检查/维护/保养记录（自备和长期租赁需核验）。 （5）租赁协议（长期租赁需核验）	使用《汽车式起重机隐患排查标准》对其入场状态进行核查
塔式起重机	（1）使用说明书。 （2）检查/维护/保养记录。 （3）租赁协议（如有）。 （4）年度检验报告及安全使用合格证。 （5）产品合格证明。 （6）塔式起重机损坏事故应急预案	使用《塔式起重机隐患排查标准》对其入场状态进行核查
叉车	（1）产品合格证明。 （2）年度检测报告。 （3）检查/维护/保养记录。 （4）使用说明书	使用《叉车隐患排查标准》对其入场状态进行核查

入场验收流程如图 14-1 所示。

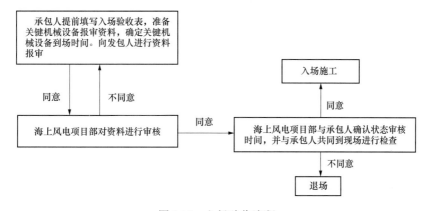

图 14-1 入场验收流程

备注：如业主和监理单位书面要求须其参与审核方可对关键机械设备放行，请将其要求并入上述流程。

14.5.2 使用管理

1．安全管理制度要求

承包人应当建立机械设备和施工工器具岗位责任、隐患治理、应急救援安全管理制度，明确检查、维护、保养要求，隐患排查和治理要求，各事故类别下的应急响应行动，保证关键机械设备安全运行。

2．关键机械设备安全技术档案要求

（1）关键机械设备应当建立安全技术档案，至少应当包括如下内容：

（2）产品合格证、安装及使用维护保养说明、监督检验证明等相关技术资料和文件，船舶需保存船舶证书、文书。

（3）检查、维护、保养记录。

（4）安全附件定期检验记录（如有）。

（5）运行故障和事故记录。

3．关键机械设备台账要求

承包人应当建立关键机械设备台账，并进行规范管理，关键机械设备台账需报海上风电项目部备案。

4．检查、维护、保养要求

（1）加强海上作业关键机械设备检查。

将起重机安全状态作为涉及的海上高风险作业开工的必要条件，由承包人和船东方组织落实。为确保起重机状态安全，总包方在一个作业窗口期（不超过 1 个月）内使用《起重机隐患排查标准》对起重机安全状态进行核查。

（2）常态检查维护保养要求。

1）承包人组织配备合格的检查、维护、保养人员，并对其进行安全教育和技能培训。安全教育应以现场讲解为主，内容包括关键机械设备主要故障、检查内容中的条款解读，留存证据。

2）持续组织检查、维护、保养人员对使用说明书进行学习，并结合关键机械设备状态，完善检查、维护、保养内容，确保内容可量化、可执行。

3）将检查、维护、保养人员名单公示在起重设备上。

4）结合实际选择配置特种设备安全管理人员并履行关键机械设备检查的职责。

5）海上风电项目部、承包人、船东方应当对关键机械设备开展隐患排查和治理工作。

6）船用起重机和履带式起重机主钩和变幅钢丝绳执行 6 个月无损检测要求（注：6 个月内做过无损检测则不需要做）。

7）吊索具执行季度第三方检查、挂牌制度。（注：吊索具如 3 个月内做过第三方检查的则不需要做，新入场吊具从第 3 个月开始做）。

8）风电机组吊装用吊索具需要有厂家合格证明文件、出厂检验报告。

5. 应急管理要求

（1）承包人应当对船用起重机、履带式起重机、塔式起重机组织制定《关键机械设备损坏事故应急预案》，对设备损坏的风险进行预测和分析，并针对可能发生的事故编制针对性的应急响应行动，可参考船舶应变部署表编制。

（2）设置吊装作业监护人，现场发现异常情况及时预警，人员迅速撤离避险。

14.5.3 退场管理

存在严重事故隐患，无改造、维修价值或者超过安全技术规范规定使用年限或设备报废标准、技术规程中有寿命要求的关键设备及零件，应当按照相应的要求予以报废处理，并向原登记的管理部门办理注销。

14.6 一般机械设备

（1）承包人须严格管控一般机械设备入场，禁止不符合安全要求或社会上已经淘汰的机械设备进入中广核海上风电项目。

（2）承包人应当建立一般机械设备安全管理制度，明确入场管控、检查、维护、保养要求并实施，制定操作规程，保证一般机械设备安全运行。

（3）承包人应对一般机械设备开展隐患排查和治理。

（4）各海上风电项目部使用《隐患排查指引》对承包人一般机械设备管理开展隐患排查。

14.7 施工工器具

（1）承包人须严格管控施工工器具入场，禁止不符合安全要求或社会上已经淘汰的施工工器具进入海上风电项目。

（2）承包人应当建立施工工器具安全管理制度，明确入场管控、检查、维护、保养要求并实施，制定操作规程，保证施工工器具安全使用。

（3）承包人应对施工工器具开展隐患排查和治理。

（4）各海上风电项目部使用《隐患排查指引》对承包人施工工器具管理开展隐患排查。

14.8 记 录

（1）关键机械设备入场验收表一式两份，海上风电项目部和承包人各留一份。

（2）关键机械设备报审资料由海上风电项目部备案。

14.9 附 录

关键机械设备入场验收表见表 G-1。

15

作 业 许 可

15.1 通 用 要 求

承包人应执行作业许可要求，如承包人认为自身作业许可能够适应于海上风电项目建设风险管控需求，应书面向发包人提出等效申请，同意后实施。

15.2 角 色 分 工

角色分工见表 15-1。

表 15-1 角 色 分 工

角色	分 工
发包人	负责收集业主公司、各海上风电项目的意见，编制、修订本程序
各海上风电项目部	（1）督促承包人执行作业许可，向发包人反馈作业许可执行过程中存在的问题，促进程序与现场执行密切结合。 （2）遵照区域网格化管理，指定区域责任人或授权人为作业许可审批人
承包人	（1）负责落实作业许可要求。 （2）接受所属项目部监督，并与其沟通执行过程中存在的问题和建议，以保证作业许可制度在现场得到有效实施

15.3 作业许可管理范围

（1）根据施工风险辨识和分析，海上风电建设期将表 15-2 的施工活动纳入作业许可管理范围。

表 15-2 作业许可管理范围

序号	作业名称	范 围
1	动火作业	涉及焊接、气割、切割、打磨、加热、烘烤等引入点火源的作业。动火作业分两级，一级动火作业指受限空间动火作业或易燃

序号	作业名称	范 围
1	动火作业	易爆场所/系统的动火或其他经分析认为风险较大的作业。二级动火作业指除一级动火作业之外,现场施工活动内的其他具有一般风险的动火或相关作业。在充氢、注油等具有火灾爆炸风险或带压的调试系统上的动火作业等同一级动火作业进行控制
2	受限空间作业	指进入具有如下特征空间的作业: (1)进出口受到限制。 (2)并非设计用来给人员长时间在内工作的。 (3)存在或潜在威胁人员安全或健康的危害。 受限空间作业包括但不限于:地下管道、涵道、基坑/井、废水池/井、电缆沟/井等
3	吊篮作业	(1)海上施工时使用吊笼进行作业。(使用载人吊笼转移人员不列入作业许可、作业指导书已经列入的使用吊笼的作业不列入作业许可) (2)陆上施工时使用吊篮进行外墙作业
4	潜水作业	通过作业人员潜水方式实施的作业活动
5	起重作业	(1)塔式起重机安装、拆除作业。 (2)海上高风险作业指导书(详见 6.6.2)等效于海上起重作业许可
6	脚手架搭设、拆除作业	(1)搭设高度 24m 及以上的落地式钢管脚手架工程。 (2)悬挑式脚手架。 (3)满堂式支撑架。 (4)自制卸料平台
7	孔洞、临边防护设施拆除作业	孔洞、临边防护设施拆除作业

(2)采用许可证审批制度,根据施工活动的风险大小实行分级授权审批,安全许可证审批权限、有效期要求见表 15-3。

表 15-3 作业许可证审批权限及有效期

序号	许可作业名称	审查单位	审批单位	有效期限	备注
1	一级动火作业	承包人	海上风电项目部	当天有效	可延期
2	二级动火作业	承包人	承包人	7 天	可延期
3	受限空间作业	承包人	海上风电项目部	当天有效	不可延期
4	吊篮作业	承包人	海上风电项目部	当天有效	不可延期
5	潜水作业	承包人	海上风电项目部	当天有效	不可延期
6	起重作业	承包人	海上风电项目部	7 天	不可延期
7	脚手架搭设/拆除作业	承包人	海上风电项目部	7 天	不可延期
8	孔洞、临边防护设施拆除作业	承包人	海上风电项目部	7 天	不可延期

（3）作业许可证内基本信息由作业负责人填写，要求填写内容字体清晰、信息详尽。安全措施现场审核，承包人业务主管部门、HSE 部门、发包人区域责任人实施现场审核，签字确认作业许可。

15.4 附　　录

（1）表 H-1：动火作业许可证。
（2）表 H-2：受限空间作业许可证。
（3）表 H-3：吊篮作业许可证。
（4）表 H-4：起重作业许可证。
（5）表 H-5：脚手架搭设/拆除作业许可证。

16

海上作业风险管控

16.1 通用要求

16.1.1 海洋水文气象管理

承包人应建立完善的天气预报系统，提前做好气候变化的预测。至少每天获取一次潮汐、大风、海浪、降雨、海雾、台风等海洋水文气象信息，记录并及时传达至每个作业面。

16.1.2 专项施工方案管理

承包人应对达到一定规模的危险性较大的分部分项工程编制专项施工方案。

危险性较大的专项施工方案编制、审核、批准、备案应规范，施工时应设专人现场旁站、监督。

16.2 水下作业风险控制

16.2.1 人员要求

（1）应确保所有参与潜水作业的人员已得到充分的培训并具有相应的潜水作业资质，可以履行他们的职责。

（2）潜水人员包括潜水员、潜水监督、潜水照料员、预备潜水员、潜水机电员、生命支持员和潜水医生等，其培训要求、资格认证和管理应符合主管部门的相关要求。

（3）从事水下作业或进入高气压环境人员的体格条件应符合《职业潜水员体格检查要求》（GB 20827）的要求。

16.2.2 设备与系统要求

（1）潜水作业所需的设备和系统，如个人装具、软管和脐带、供气系统、减压舱、潜水控制面板、入出水系统、吊放系统、通信系统、仪器和仪表等均应满足《空气潜水安全要求》（GB 26123）的要求。

（2）潜水控制站必须安置在离潜水点尽可能近的位置，能使潜水监督容易进入所有受控的区域。潜水控制站的所有仪表和显示屏必须保持良好的能见状态，对能见度差和夜晚的作业必须配备充足的照明。合理的消防设备和布局必须满足一旦发生事故马上能进行灭火和做出反应。

（3）维护记录：

1）应建立合适的设备记录，并保持其正确性和有效性。

2）所有设备都应有统一识别方法，使其在设备记录中能方便查询。

3）维护记录的内容应描述工作的性质，包括维护的时间、所进行的修理和测试、进行工作和测试的操作员的姓名，以及相关设备的特殊细节的记录。

4）操作员单独对任何潜水设备进行维护、修理、校对、测试或调整时，应该在维护记录上记录他们的姓名，并签字。

5）用于潜水的头盔和面罩必须按照制造厂商所推荐的程序进行检查和维护。要求的检查和（或）测试必须在设备所有者的记录簿中进行记录并验证。

16.2.3 潜水和水下作业控制要求

1．作业现场控制要求

潜水/水下作业过程中各项具体要求必须遵循发包人海上项目部《潜水、水下、近水作业风险控制总体要求》中的各项相关规定，现场严格执行《潜水/水下作业指导书》（作业指导书以发包人下发为准）。

2．最大潜水深度

（1）SCUBA（水肺）潜水，深度应不大于30m。

（2）水面式供气潜水装置潜水，深度应不大于57m。

3．反复潜水的处置

（1）潜水作业后的12h内不应进行反复潜水。

（2）反复潜水应根据《空气潜水减压技术要求》（GB/T 12521）的规定处置。

4．水文气象的限制

（1）SCUBA潜水，水流速度应不大于0.5m/s；蒲福风力等级应不大于4级（风速为11～16节，浪高为1.0m）。

（2）水面供气式潜水：通过潜水梯入水时，水流速度应不大于0.5m/s，蒲福风力等级应不大于4级。蒲福风力等级大于4级、小于5级（风速为17～21节，浪高为1.8m）时，应评估现场具体条件决定是否潜水。通过潜水吊笼或开式潜水钟入水时，水流速度应不大于0.5m/s，蒲福风力等级应不大于5级。水流速度超出上述限制条件，因特殊情况需要潜水时，应评估现场具体条件，采取更有效的安全防护措施，确保潜水员安全。蒲福风力等级大于5级、小于6级（风速为22～27节，浪高为3.0m）时，应评估现场具体条件决定是否潜水。

5．减压方案选择

（1）应根据《空气潜水减压技术要求》（GB/T 12521）的规定，依据其潜水深度、水下工作时间，结合潜水工作强度、水质情况、水文气象和潜水员个体差异等多种因素选择减压方案。

（2）其他减压方案应得到潜水医师批准后采用。

6．潜水后的安排

（1）潜水监督或潜水医师应向潜水员询问身体状况。

（2）潜水员如感觉任何身体不适或异常生理反应，应立即报告潜水监督或潜水医师。

（3）应告知潜水员最近的减压舱位置。

（4）潜水员水下减压潜水出水或减压出舱后，应在减压舱附近停留不少于 1h，且 5h 内不能远离减压舱（2h 不能到达减压舱所在地）。

（5）潜水员不减压潜水后 12h 内、减压潜水减压后 24h 内不应飞行或去更高海拔地区。紧急情况需搭乘飞行器或去更高海拔地区时，应按医嘱。

（6）潜水员罹患减压病，需要空运去其他地点治疗时，应由潜水医师决定。

7．最低休息时间规定

潜水人员每天连续休息时间不得小于 8h。

8．手持电动工具

在水下使用任何手持电动工具前，都应该进行工作安全分析。

9．电气危险

（1）所有的手持电动工具，包括手持式电动设备，在放入水中和从水中取出之前，都应在水面关闭电源。

（2）所有由水上供电的水下电动工具，应该在电源与工具之间安装一个接地故障断路器（GFCI）。

（3）具有与电缆和专用接地电缆兼容的插头和插座。

10．开关与控制钮

（1）所有的手持电动工具应有一个稳压开关和控制钮（水下焊接和切割设备除外）。

（2）在潜水员要求供电前，不得从潜水地点向手持电动工具供电。

11．焊接与切割

水下焊接和切割只能使用直流电源。在水下进行焊接和切割作业前，应该进行工作安全分析。

（1）接地：电焊机应被安全地接地。

（2）绝缘与容量：焊接电缆、电焊枪及其连接应恰当地绝缘，并且能安全地承载最大工作电流。

（3）切断开关：焊接电缆应有一个有效的切断开关，该开关位于潜水控制站，并能由潜水轮班人员直接操纵。开关在实际焊接和切割期外，都应保持断开状态。

（4）防护服：进行水下焊接和切割的潜水员应穿戴绝缘手套。

（5）惰性气体清洗：由于焊接和切割而受温度影响的封闭舱室、结构物和管道，应在焊接和切割之前，用水或一种不助燃的惰性气体进行灌注、排放或净化。

16.2.4 近水（临水）作业

近水（临水）作业施工方案制定和施工工艺顺序安排时，应优先考虑尽可能避免近水（临水）作业，实现本质安全。在无法避免近水（临水）作业的情况下，安全措施首选可靠的施工平台并设置临边防护措施或使用符合安全要求的船舶。在近水（临水）

作业开始前要办理临水作业许可证。

1．作业平台

（1）临水作业应提供完善、可靠的作业环境，如设置栈桥、临边防护、作业平台、脚手板、船舶等设施、设备，以防止人员落水。

（2）水上搭设的临时栈桥和作业平台，必须牢固可靠，应按照使用要求和相应技术规范进行设计和对其承载进行验算和审核，并对焊接质量进行检查。栈桥和作业平台应配备必要的救生设施和消防器材，设置相应安全标识。

（3）水上工作平台四周，须设置高度不低于 1.2m 的安全护栏。上下人员的爬梯应牢固，梯阶间距宜为 30cm。人员上下通道必须设安全防护措施并设置多条安全通道。

（4）船舶配合临水作业，应遵守船舶作业控制的要求。

（5）舢板、浮筒等水上临时工作设施，使用前，必须经过 24h 重载漂浮试验。使用时，必须规定准载人数、准载重量，设置足够的救生、消防设施。浮排上作业人员需佩戴救生衣。

（6）水上拖带的舢板、浮筒等航行时严禁载人。在波高大于或等于 0.8m、流速大于或等于 1m/s 时，不得使用舢板、浮筒等进行临水作业。

2．作业防护

（1）码头、岸边、堤坝边等临水区域须设置临边护栏，如受限不能搭设护栏，在临边 2m 范围内作业人员需配备救生衣。

（2）作业人员必须穿救生衣、防滑鞋，并配备救生工具和足够的照明设施。

（3）严禁酒后进行临水作业。

（4）禁止施工作业人员独自进行临水作业。

（5）水上作业前必须探测水深，在施工现场必须设置安全防护设施、安全警示牌、围挡和其他警戒标识。严禁擅自移动或拆除施工现场的安全防护设施、标志、警示牌等。

16.2.5　应急计划

每个潜水项目都应根据现场环境条件和可能出现的危险制定自己专用的详细应急计划。应急计划的内容应包括环境因素、人为因素、设备故障和管理失误可能引起的危害，以及针对这些危害拟定的应急方案等。

16.3　海上吊装风险控制

16.3.1　天气与海况限制

承包人根据施工方案要求，结合被吊物的结构特性，一般要在未来 72h 内天气和海况条件符合的前提下才进行作业，同时还要考虑到天气、潮汐等影响因素限制，其中主要包括风速和风向、波高（有效波高、有益波高）、涌浪（浪高、方向、流速）、潮汐（高潮、低潮和平潮周期）、水深。

承包人在进行大型结构物吊装或拖拉装船作业前，应对气象、海况条件进行评估，要充分考虑最低潮位和最高潮位两个极限状态对吊装作业的影响，以确定最佳作业时间。

16.3.2　吊装前准备与检查

（1）海上风电工程吊装作业，参考《建设工程安全生产管理条例》及《危险性较大工程安全专项施工方案编制及专家论证审查办法》相关要求，海上风电工程基础构件、结构物的吊装作业均属于超过一定规模的危险性较大的分部分项工程范围，均应制定安全专项施工方案，并组织专家进行论证审查。

（2）对于海上风电工程全流程吊装作业，各海上风电项目部、各承包人须执行发包方编制发布的《作业安全指导书》，《作业安全指导书》以海上风电项目部下发的为准。吊装前的检查按照吊装《作业安全指导书》内容执行。

16.3.3　吊装

1．通用要求

（1）海上吊装作业应计算吊装物项受风力荷载的影响，由计算的数据确定安全的作业风速；当风速超过 5 级（风速大于 8m/s）时，应停止吊装，在验证了计划的控制措施已落实且有效后方可继续作业；当风速超过 6 级（风速大于 10.8m/s）时，禁止进行吊装作业，并应对起重机械和物项进行必要的防护。

（2）起吊过程中应进行空间安全距离监控，包括起重机、吊装物项、构筑物三者之间的安全距离应在施工方案中明确。

（3）手拉葫芦在大件吊装活动中的作用是调整物项平衡，调平后应安全锁定，不能作为主要受力吊索具，在使用手拉葫芦的同时应布置满足要求的承载吊索具。

（4）起重指挥应符合《起重　手势信号》GB/T 5082 中的相关要求，使用对讲机指挥的应保障通信畅通。

（5）多台起重机械的联合吊装应满足《起重机械安全规程　第 1 部分：总则》（GB/T 6067.1—2010）第 17.3 节中的相关要求。

（6）作业过程中应执行施工方案，并做好过程中的检查记录；如需变更，应执行签字确认流程后才能实施。

（7）发现异常时，应暂停作业，待确保安全后方可继续作业。

（8）发生事故时，须立即停止作业，并启动事故应急预案。

2．试吊

（1）试吊是检验起重机械性能，吊索具、载荷、地基基础等情况的有效方式，各海上风电项目部应现场见证。

（2）起吊前应确认吊装物项已解除与其他物体的限制性连接（规划实施的防摆动限制措施除外）。

（3）采用吊钩的起吊方式应使吊装物项转动最小，可设置溜绳以辅助起吊时的不平衡。

（4）提升的方向应通过吊装物项的重心，调整起升装置，选择合适的起升位置，应保证起升时的载荷均匀平衡，没有倾覆的趋势。

（5）将吊装物项提升离开地面或原基础面约 100mm 后应停止起升，检查起重机、吊索具、吊装物项、地基基础等情况。

（6）试吊停留时间应执行技术文件中的要求，如技术文件中没有明确说明，停留时间应至少保持 5min，无异常后提升物项到适合高度再适当下降，以检验起重机的制动性能。

（7）试吊合格后方可进行正式吊装。

16.3.4　正式吊装

1．悬停

吊装过程中不准许与吊装活动无关的悬停，当无法避免时应按照下列要求执行：

（1）悬停时应保证物项的稳定；

（2）司机不得在吊装物项悬停时离开操作岗位；

（3）无关人员不得在悬停的吊装物项下方停留或通过，相关人员作业时应有保护措施。

2．移动

移动吊装物项应按照下列要求执行：

（1）起重机在移动吊装物项时，不宜同时进行两种及以上的操作动作。

（2）起重机在进行升降、回转、变幅及行走时，应避免突然地启动或停止，避免突然加速或减速，吊运速度和加速度应按照已批准的吊装程序或方案中的要求执行。

（3）移动吊装物项时，不得从人员上方通过。

（4）移运吊装物项时，应满足技术文件对速度和加速度的要求。

3．就位

（1）在接近吊装物项的就位位置时，起重机的动作应暂停或放缓，以确认就位的位置和方向。

（2）应将吊装物项的重量分阶段转移给基础或支撑，并观察基础或支撑以及载荷的情况。

（3）初步就位后应进行确认，在不需调整后可进行松钩，松钩过程中应防止吊索具的旋转缠绕，确保安全后方可解除与吊装物项连接的吊索具；需要固定的吊装物项，待完成固定后方可解除吊索具。

（4）吊装作业完成后应收回吊索具并妥善存放。

（5）应恢复起重机至安全状态，且不影响其他作业或人员安全。

16.3.5　人员吊运

（1）人员准备。登船人员须在交通船甲板上安全区域等待准备，听从交通船船员指挥，远离人员吊篮下方及缆绳区域。

（2）登船人员在吊篮落稳后，按照对称站位的原则，按照顺序依次登上吊篮，双手胸前交叉并紧握吊篮扶手，全部登船人员站稳后，吊篮将缓慢提升，提升过程中，登船人员需平视前方、远方，避免观看吊篮下方。

（3）待人员吊篮在施工作业船舶甲板落稳后，登船人员听从施工作业船舶船员指挥，依次迅速离开吊篮。

16.4 海上交通安全

16.4.1 适用范围

（1）地域范围：征地红线内的船舶航行安全、作业安全、停泊安全，交通船从停泊点到作业船过程中的航行安全、停泊安全。

（2）人员范围：交通船、作业船上的承包人管理人员、施工人员及业主、监理、发包人，以及经总承包人同意的参观来访人员。

16.4.2 相关文件

《中华人民共和国海上交通安全法》［主席令 第 57 号（2016 年）］

《中华人民共和国船员条例》［国务院令 第 494 号（2020 年）］

《中华人民共和国船舶最低安全配员规则》［交通运输部令 第 14 号（2018 年）］

《中华人民共和国水上水下活动通航安全管理规定》［交通运输部令 第 2 号（2019 年）］

《中华人民共和国船舶安全监督规则》［交通运输部令 第 14 号（2017 年）］

16.4.3 角色分工

角色分工见表 16-1。

表 16-1　　　　　　　　　角 色 分 工

分类	发包人	各海上风电项目部	承包人
通航安全	监督各海上风电项目部是否落实通航安全保障方案中的各项措施	落实通航安全保障方案中的各项安全和防污染措施并督促承包人落实	落实通航安全保障方案中的各项安全和防污染措施
海上交通（含船员）（航行、锚泊）	明确海上交通隐患排查标准	监督各承包人是否落实自己的海上交通安全管理制度。使用海上交通隐患排查标准对承包人开展安全检查	建立健全海上交通安全管理制度，严格履行海上风电建设期交通安全有关职责

16.4.4 海上交通安全

1．安全管理制度

承包人应当建立水上水下作业安全管理制度，施工船人员上下管理制度，船舶准入、退出制度，运输船舶动态报告制度，出海人员安全培训及管理制度，航次检查制度，安全例会制度，专用航标维护管理制度，应急预案培训演练制度，承包人、船舶及人员清退制度等。

承包人应在海事部门核准公告的安全作业区设置相关的安全警示标志和配备必要的安全设施或者警戒船。按照海事局批准的作业内容、核定的水域范围、航线和使用核准的船舶进行作业。

实施施工作业或者活动的船舶、设施应当按照有关规定在明显处昼夜显示规定的号灯、号型。在现场作业船舶或者警戒船上配备有效的通信设备，施工作业或者活动期间指派专人进行警戒，并在VHF（甚高频）频道上守听。

2．施工期交通组织

（1）承包人应当成立施工期通航安全指挥部，总体负责水上施工的施工船、运输船、交通艇、警戒船等水上交通指挥。

（2）承包人应当建立与海事部门的报告和联系机制。

（3）承包人应当制定施工通航安全保障方案，保障施工作业及其周边水域交通安全。

（4）承包人在取得海事管理机构颁发的水上水下活动许可证后，才可进行相应的水上水下活动。

3．施工船舶动态管理机制

承包人应当建立船舶动态管理机制，按照属地海事的要求实施船舶动态报告。

4．人员出海管理制度

（1）所有出海人员必须扫描"登船二维码"，识别身份信息。

（2）各海上风电项目部不定期检查人员出海管理制度落实情况，对于未按照要求执行的交通船长及施工人员，将采取"第1次提醒""第2次处罚""第3次清退出厂"的措施。

5．水上施工安全警戒

（1）无动力船舶必须配置拖轮，有动力的自升式平台配置应急拖轮。承包人必须至少配备1艘应急守护拖轮。

（2）承包人应当制定警戒区域与路线、警戒船警戒方案，并严格实施。

（3）各警戒船应配备充足的适任船员，保障警戒船不间断实行警戒功能。

（4）警戒船严格执行值班与交接班制度，加强与过往船舶联系，协调避让。

（5）警戒船要起到防止非施工船舶靠近甚至进入施工安全作业区作用，同时，为进入施工作业区的施工船、拖带船和材料运输船等提供现场引导，以及负责人员落水等紧急情况的救援等任务。

6．通航安全保障措施

（1）在船舶抛锚后，应在锚位处设置明显的锚漂和标记，而且施工船舶在施工时也应配备专职的瞭望人员，保持与过往船舶的沟通，提醒其远离抛锚位置。

（2）打桩船完成钢管桩沉桩后，需及时加装太阳能警戒灯，安排警戒船对已经完成沉桩机位进行定时巡逻，绕着钢管桩四周进行巡视。

16.5 附 录

（1）表I-1：风电机组基础—单桩沉桩高风险作业指导书。

（2）表I-2：风电机组基础—导管架基础施工及就位作业指导书。

（3）表I-3：风电机组基础—高桩承台施工高风险作业指导书。

（4）表 I-4：风电机组安装高风险作业指导书。

（5）表 I-5：风电机组安装高风险作业指导书（单叶片吊装适用）。

（6）表 I-6：海上升压站基础施工高风险作业指导书。

（7）表 I-7：海上升压站吊装就位高风险作业指导书。

（8）表 I-8：海缆敷设高风险作业指导书。

（9）表 I-11：潜水作业高风险作业指导书。

17

陆上集控中心现场安全管理

1. 保卫区域设置与维护

工程施工区域应设置实体围栏，进行封闭管理。在出入口设置保卫监控系统，保卫边界由责任单位负责维护、管理，并应建立相应的保卫管理制度。

2. 出入控制

陆上集控中心区域实行人员出入许可控制制度，未经三级安全教育并考试合格、未经体检合格的人员禁止入内。

3. 保卫组织与岗位设置

承包人负责陆上集控中心区域的保卫工作。承包人应建立本单位（项目部）保卫组织，配备专职或兼职保卫人员，根据工程进度规划对所管辖出入口设置保安岗位并采取技防措施；承包人应充分利用驻地政府资源，通过警民共建等方式建立工程保卫体系。承包人保安人员除接受本单位（项目部）领导外，同时接受发包人海上风电项目部现场安健环管理部门的监管。

17.2 施工现场基础设施安全

1. 场地安全规划

施工总平面布置应根据发包人海上风电项目部现场施工管理部门要求，进行场地总平面布置。承包人应对本单位（项目部）施工区域内的场地进行规划，规划方案须经现场施工管理部门审核批准。场地安全规划包括施工开挖规划、施工道路规划、施工照明规划、施工通信规划、施工供暖规划、施工生产临建规划、施工生活临建规划、场地安全条件规划。

2. 施工开挖

施工过程中，发现有不明管线、物体等时，必须立即停止该区域作业，并立即上报发包人海上风电项目部现场施工管理部门。对于特殊地质情况的开挖，必须制订专项施工方案，经编制单位总工程师审核通过并签署意见。必须保证施工开挖的安全条件到位并切实有效。

3．施工道路

承包人应对本单位（项目部）施工区域内的施工道路进行规划，规划方案须经现场施工管理部门审核批准。承包人应对其施工区域内的（公共）道路进行日常维护和管理。

4．施工照明

承包人应对施工照明系统根据施工需求统一设计、规划和施工，保证照明满足施工要求。

5．施工通信

承包人应对本单位（项目部）施工区域内的施工通信进行规划，满足现场通信需求。

6．施工给排水

承包人应统一对本单位（项目部）现场施工区域内的疏排水管网进行规划设置，排水设施、排水沟应符合规范要求。保证施工现场给水量满足施工需要，保证施工现场消防用水能够满足最大火灾情况下的设计用水量要求。保证排水、疏水设施畅通，满足排水、防洪泄洪的要求。

7．施工供暖

寒冷地区冬季施工的时候，承包人应规划施工供暖系统，并在施工地区附近设置有取暖设备的休息处所。

施工供暖设计由承包人技术部门统一设计，供暖系统应考虑防火、防窒息、防烫伤措施，设计方案应经过发包人海上风电项目部现场施工管理部门、安健环管理部门审批。

供暖管线投入使用前应由承包人安全部门组织专项检查和检测，合格后方可投入使用，使用过程中应建立定期检测和巡检制度。

8．施工生产临建

施工生产临建的布置应考虑在方便工程施工的基础上，保证足够的安全距离，考虑满足极端气候条件下安全可用，并建立相应的应急系统。

9．施工生活临建

施工生活临建不得建在工程施工现场，生活临建须满足消防要求。生活临建除必须满足地方政府关于卫生防疫、防火、防雷等有关规定外，还应满足合同规定的要求。

17.3 施工现场作业条件

1．作业区域控制

（1）固定作业现场应建立实体围栏或使用临时围栏进行控制，作业区建立应考虑周边工作情况，必要时由发包人现场施工管理、安健环管理部门协调后方可建立。

（2）作业区域应设置作业信息牌。

（3）作业区域专人负责，作业区域围栏不得随意拆除。

2．通道控制

（1）施工现场固定上下主通道应由承包人施工技术部门专项设计，并经承包人安全管理部门审批，按要求搭建。

（2）人行通道和车行道都应设立通道标识。

3．物资材料控制

（1）承包人应规划、建立作业现场工具、材料、设备分类集中堆放区。

（2）危险和有害生产物料一般不在作业现场存放，确需存放的，应制定专项安全、卫生防护、控制措施。

（3）物料运输、取用应尽可能使用运输工具和机械装置，大件物料及危险品运输必须制定专门控制方案。

4．施工临边控制

所有临边均应按照国家相关法规及规范要求设置实体安全防护设施及警告、警示标识。承包人根据工程进展需要打开临边防护设施时应在打开临边防护实施前建立临边防护动态控制机制，跟踪、控制临边打开的临时措施和临边的恢复。

5．孔洞控制

承包人应对责任区域内所有孔洞按照国家相关法规及规范要求设置实体安全防护设施及警告、警示标识；孔洞防护设施的构造及材质必须满足要求。承包人根据工程进展需要打开孔洞防护设施时应在打开孔洞防护实施前建立孔洞防护动态控制机制，跟踪、控制孔洞打开的临时措施和临边的恢复。

6．信息与标志

承包人应根据现场作业风险警示和提示要求设置禁止标志、警告标志、指令标志和提示标志，其规格尺寸、材质、粘贴/悬挂应符合国家相关法规及规范要求。

7．通风

对存在粉尘或存在有害气体的相对密闭空间内作业，承包人应设除尘、通风或净化装置，通风后作业点空气质量经检测应满足作业条件要求。临时通风系统除应满足法规和设计要求外，其本身还应具备足够的安全性。

8．保暖

施工现场保暖措施应采用集中供暖的方式，保暖系统应有专项控制措施。保暖系统应建立检查监护制度。

9．休息点

承包人应在作业现场安全地带，根据场地平面规划在审批通过的位置设置作业人员临时休息点，现场休息点设置必须满足遮阳、通风、防风等安全要求。

10．吸烟点

海上风电项目部业务范围内的所有作业现场严禁流动吸烟。承包人应根据厂平规划，在通风良好且无易燃易爆的场所设立吸烟点；一般情况下，吸烟点应设置在休息点内。

17.4　脚手架和梯子安全

（1）明确对搭设、使用、拆除和存储脚手架、梯子做出规定。

（2）脚手架搭设。

1）脚手架搭设方案由专业技术人员参考脚手架安全技术规范（国标）进行编制，并向海上风电项目部报审。

2）应当由特种作业操作证的架子工进行脚手架搭设作业。

3）脚手架材料符合安全要求。

4）拉设安全警戒区域，指派专人监护，脚手架材料传递不得抛掷。

（3）脚手架验收。脚手架验收需由承包人方案编制人员、安全监督人员、搭设人员三方联合验收，并在脚手架验收牌上签字确认。脚手架绿牌（见图 17-1）代表验收合格，人员可不系挂安全带使用。

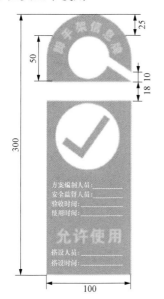

图 17-1　脚手架绿牌

脚手架黄牌（见图 17-2）代表验收合格，但需要系挂安全带使用。

脚手架红牌（见图 17-3）代表不合格，严禁使用。挂设于架子工搭设脚手架、修改脚手架时，挂设于各级安全检查人员检查发现脚手架不合格需要整改时。

（4）脚手架检查。

1）海上风电项目部安全监督人员需要按照《脚手架隐患排查标准》对脚手架开展搭设、拆除、使用过程安全检查，对于不合格的脚手架要挂设红色标识牌。

2）承包人应当对脚手架搭设、拆除、使用过程进行严格管控，同时安排专人对脚手架使用过程实施日常检查，在脚手架标识牌后方签字确认。

图 17-2 脚手架黄牌

标识牌背面	
检查人	检查日期

标识牌背面	
检查人	检查日期

图 17-3 脚手架红牌

（5）脚手架拆除。

1）严格按照拆除方案实施，落实警戒区域、架子工持证上岗、安全专人监督等安全管控措施。

2）脚手架维护、修改必须由专业架子工进行，严禁私自修改。

（6）脚手架材料堆放。按照施工总平面布置，将脚手架材料规整存放，定期剔除不合格材料。

（7）梯子。

1）移动式梯子应用于高度在 4m 以下的短时间内可完成的作业。

2）工程施工现场所使用的梯子应采用正规厂家生产的产品。

3）对于自制爬梯应进行使用前试验。

4）梯子使用时应搁置稳固，采取防滑、防侧翻、防坠落措施。

5）在使用人字梯时，须有专人扶持。

17.5 起重安全

1．人员、资格控制

起重司机、指挥等起重相关作业人员，必须取得国家法定部门颁发的特种设备操作人员资格证书。

2．起重作业控制

（1）起重作业前应建立控制区，控制区半径应大于作业区半径，并设置警示标识，安排专人进行警戒。

（2）起吊前，由起重作业人员检查作业条件是否满足要求，不满足作业条件要求的不得起吊。

（3）起吊前，检查吊物的绑扎情况，待指挥与司机取得联系后方可起钩；禁止多人指挥。

（4）起重作业应严格执行"十不吊原则"，起吊过程做到起慢钩，慢行。

（5）对异型、超重、超大等具备较大风险的特殊物件，必须编制专项作业施工方案，经施工管理部门及安全部门批准后方可施工吊运；并且作业过程中逐项验证落实安全控制措施。

（6）对 6 级及以上大风、下雨且雨滴成线或能见度小于 200m 时的大雾等特殊环境下禁止户外起重作业。

（7）对超出规范的起重作业，必须编制特殊施工方案，经审核批准后，方可吊装。

17.6 危险化学品

1．危险化学品的装卸与运输

承包人应当对装卸与运输人员进行风险告知和落实安全措施。

2．现场危险品存放点及其控制

（1）现场危险化学品应进行限量存放，一般不得超过一周用量。

（2）危险化学品现场存放点应建立专门的存放区域，设置围栏、张贴醒目标识，并应配置应急处理器材和防护用品。

3．危险化学品资料单与风险标志

承包人应将 MSDS 张贴在危险化学品临时存放点。

4．危险化学品使用与防护

（1）在危险化学品使用工作区域设置警戒区，设置安全警告标志。

（2）使用时，应根据危险化学品的种类、特性及工作情况采取相应的隔离、清扫、通风、检测、防火、防爆、防毒等安全措施，并使用安全防护用具。

（3）使用后剩余的危险化学品必须退回到储存点或交到其指定的收集点，禁止随意倾倒、丢弃。

17.7 消 防 安 全

1．现场消防设施

现场消防设施应先于被保护的区域投入使用，现场消防设施包括消火栓、移动式灭火系统等。

2．消防通道

承包人应根据消防设计要求，规划本单位（项目部）责任范围内的现场消防通道，设置消防通道标识，并定期进行维护和管理。

3．动火作业的安全控制

（1）动火作业实行两级控制：一级动火作业指受限空间动火作业或易燃易爆场所/系统的动火作业或其他经分析认为风险较大的动火作业；二级动火作业指动火作业风险相对较小、动火作业区域通风情况较好、发生险情易于控制的常规动火作业。

（2）动火作业应根据动火作业级别办理相应的动火作业许可证，一级动火作业许可证由发包人海上风电项目部现场施工管理部门审批，二级动火作业许可证由承包人安全部门审批。具体按照 6.5 节执行。

（3）动火作业前检查作业条件，配备基本的灭火器材，建立监火制度。

（4）动火作业结束后进行检查，清扫现场。

17.8 交 通 安 全

1．机动车辆安全管理

进入现场的所有机动车辆，均应取得合法的车辆牌照和行驶证。

（1）承包人应有计划地对机动车辆实施保养、维修和检验。

（2）所有进入现场的机动车辆须投保机动车交通事故责任强制保险。

2．机动车运输作业安全管理

（1）所有机动车驾驶人员必须通过培训获得准驾车型的驾驶资格，持有法定机关颁发的驾驶执照，特殊工业车辆或特殊运输任务的驾驶员还需取得相应的特殊授权。

（2）驾驶员驾驶机动车在现场道路行驶时，其时速不得超过限速标志标明的最高时速。

17.9 用 电 安 全

1．人员资格控制与标志

（1）带电载荷作业人员必须经过按国家现行标准进行的培训、考核，考核合格后持证上岗工作。

（2）组织进行定期身体检查，患有不适应者，不得继续从事电工作业。

（3）承包人应按照现行规范、标准要求在施工现场合理布置安全用电标志，绘制布置平面图，并定期对现场安全用电标志的有效性和完好性进行检查，及时更换不符合要求的标志或拆除无效的标志。

2．施工电源的设计和建设

（1）承包人应根据现场动力设备和照明的布置要求及容量需求，编制"临时用电施工组织设计"，对现场的施工用电进行规划、设计。

（2）承包人须按照临时用电施工组织设计安装总配电箱、分配电箱、开关箱以及敷设电缆。

（3）变电箱（配电室）、配电箱、开关箱内的电器必须为合格产品。

（4）变电箱（配电室）、总配电箱、分配电箱、开关相应设置门锁，张贴准用标识、责任人姓名和联系电话。

3．施工电源的维护与试验

承包人应由专业电工定期对所辖的总配电箱、分配电箱、开关箱、插座等电源设施进行维护，并对接地、漏电保护装置等进行定期检测和试验，保存维护和试验记录。

4．施工现场安全用电控制

（1）承包人应对施工现场临时用电建立安全技术档案，安全技术档案由主管该现场的电气技术人员负责建立与管理。

（2）采用的电气设备应符合现行国家标准的规定，并应有合格证件，设备应有铭牌，不得超铭牌运行。

（3）承包人应建立用电安全管理制度和安全操作规程，所有电工作业人员进行电工作业时必须遵守电工安全操作规程。

5．施工照明的安全控制

（1）承包人应根据现场统一布置的照明情况和各自施工的需要规划、设置补充照明、局部照明和应急照明。现场的临时照明线路应相对固定，并经常检查、维修。

（2）在有爆炸危险的场所，在散发大量蒸汽、气体和粉尘的场所，坑井、沟道、沉箱内及独立的高层构筑物上等特殊场所的照明要采取特殊的照明设施。

（3）不得在室内使用碘钨灯等大功率照明用具；行灯应采用安全电压，应有保护罩，其电源线应使用橡胶软电缆；行灯电源必须使用双绕组变压器，其一、二次侧都应有熔断器。

（4）电源线路不得接近热源或直接绑挂在金属构件上，不得直接架设在脚手架上；工棚内的照明线应固定在绝缘子上，距建筑物的墙面或顶棚不得小于 2.5cm；穿墙时应套绝缘套管；管、槽内的电线不得有接头。

17.10 受限空间作业

（1）受限空间备案。承包人应对所管理施工区域的受限空间进行登记，并向海上风电项目部报备。项目受限空间登记表见表 17-1。

表 17-1　　　　　　　××项目受限空间登记表（××承包人）

序号	受限空间位置	涉及的作业形式
1		
2		
...		

（2）受限空间实行作业许可。

（3）作业人员专项安全培训。承包人须对作业负责人和其他作业人员进行专项的安全技术培训，培训内容应包括存在的风险、应采取的应急措施等。

（4）作业条件检查。承包人作业负责人在获得作业许可证后，须于开工前根据窒息环境和密闭场所作业安全要求对作业安全条件进行检查并填写记录，检查内容包括作业区域温湿度、氧气浓度、一氧化碳浓度、硫化氢浓度、空气状况以及应急救援设备设施等。

（5）作业前的安全技术交底。在作业安全条件符合要求后，承包人作业负责人必须在作业前对所有作业成员进行安全技术交底。

（6）作业过程监护。在作业过程中必须指定专人进行全程监护，在外部不可视或分散区域的情况下，必须增设监护人员，并且在作业前监护人员应会同作业人员统一联系信号，并保证联系方式有效。

作业监护人员职责如下：

1）作业监护人员必须检查作业人员的作业许可证和携带的防护用具，并应做好作业监护记录。

2）作业监护人员必须佩戴防护用具，坚守岗位，严密监护。

3）发现作业人员有反常情况或违章操作，作业监护人员应立即纠正，并使其撤离有限空间。

4）作业监护人员不准离开岗位，在监护范围内遇有紧急情况，作业人员发出呼救信号时，作业监护人员应立即发出营救信号，设法营救。

5）应标明作业警戒区。

（7）作业后清点。作业完工后，作业负责人应对人员集中进行清点，确保无人员、物品遗留。

17.11 桩基及地基处理工程

1. 基本要求

（1）桩基及地基处理工程施工前，承包人应提供施工方案，经海上风电项目部现场施工管理部门审查通过后方可施工。

（2）桩机操作人员应经培训考试，取得操作合格证后方可上岗作业；承包人应在开工前将与桩基作业相关的特殊工种报海上风电项目部现场施工管理部门和安健环管理部门备案。

（3）承包人应建立桩基机械设备管理制度，对桩基设备进行入场检查和日常检查，设备安全保护罩应牢固，各重要部件应涂有相应警示标识。

（4）承包人应建立桩基作业控制区，应有明显标志或围栏，严禁非作业人员进入，进入作业现场应佩戴个人劳动防护用品。

（5）打桩机类型应根据桩的类型、桩长、桩径、地质条件、施工工艺等综合考虑选择。打桩作业前，应由施工技术人员向机组人员进行安全技术交底。

（6）桩基设备应安装牢固，设置防倾倒措施，并满足相关规范要求。

（7）承包人应对用电线路统一规划设置，配电箱、开关箱的安装使用应遵守相关规范的安全规定。

（8）承包人应建立桩基作业管理制度，对桩基作业过程实施管理和控制。

（9）机组人员作登高检查或维修时，必须系安全带；工具和其他物件应放在工具包内，高空人员禁止向下抛物。

（10）作业中，当停机时间较长时，应将桩锤落下垫好，检修时不得悬吊桩锤。

（11）承包人应在作业前和移位后，对作业条件进行检查，应满足作业部位地基承载力及桩帽、衬垫的相关要求。

（12）用打桩机吊桩时，钢丝绳应按规定的吊点绑扎牢固，棱角处应垫以麻袋或草包。在桩上应系好拉绳，并由专人控制；不得偏吊或远距离起吊桩身。

（13）起吊时应使桩身两端同时离开地面，起吊速度应均匀，桩身应平稳，严禁在起吊后的桩身下通过。

（14）严禁吊桩、吊锤、回转或行走同时进行。桩机在吊有桩或锤的情况下，操作人员不得离开岗位。

（15）作业后，应将打桩机停放在坚实平整的地面上，将桩锤落下垫实，并切断动力电源。

（16）遇六级及以上大风或雷雨、大雾、大雪等恶劣气候应停止作业。当风力超过七级或有强热带风暴警报时，应将桩机顺风向停置，并加缆风绳，必要时，应将桩架放倒在地面上。立柱长度在27m及以上时，应提前放倒。

2．钻（冲）孔灌注桩的施工

（1）桩机放置应平稳牢靠，并有防止桩机移位或下陷的措施，作业时应保证机身不摇晃、不倾倒。

（2）开工前做好设备的检查，如有损坏，则应及时整修或更换。设备满足要求才可施工。

（3）承包人应对桩基采取保护措施，防止孔口坍塌。

（4）现场应配备夜间施工照明设施。

（5）承包人应对钢筋笼制作、运输、吊装采取控制措施；钢筋笼运输、吊装应有专项控制措施。

（6）作业时更换钻杆、钻头（钻锤）或放置钢筋笼、接导管时，应采取措施防止物件掉落孔里。

（7）成孔后，孔口必须用盖板保护，附近不得堆放重物。

（8）施工中应加强环境保护，按规定要求排放泥浆。

3．人工挖孔桩

海上风电项目现场原则上禁止人工挖孔桩。

4．强夯

（1）施工场地必须平整，作业区域应设有警戒标志或围栏，严禁非作业人员进入。

（2）强夯机械必须按照强夯等级的要求经过计算选用，严禁超负荷作业。

（3）夯锤上升接近规定高度时，必须加强观察，以防自动脱钩器失灵时夯锤上升过高。

（4）夯锤必须有通气孔，如作业中有堵塞现象应随时清理；严禁任何人钻入通气孔或站在锤下进行清理。

（5）从坑中提锤时，严禁人员站在锤上随锤提升。当出现锤底吸力增大时，应采取措施排除，不得强行提锤。

（6）使用门架时，门架底座应与夯机着地部位保持水平，门架支腿在支垫稳固前，严禁提锤。

（7）作业完毕应将夯锤放在地面上，严禁在非作业时将夯锤悬挂在空中。

17.12 土石方工程

1．基本要求

（1）承包人在土石方开挖前应充分了解水文地质和地下设施情况，制定施工技术措施及安全施工措施。

（2）作业应采取可靠的防塌、防滑坡措施，坑、井内的通风应良好。

（3）边坡应符合设计要求，有支撑时，必须稳固。

（4）在边坡高处及临边作业应设置防护栏杆。

2．排水

（1）在有地下水或地面水流入基坑处进行挖土时，应有排水措施。

（2）水泵在使用前应经电工检查，确保其绝缘和密封性能良好。

（3）井点排水方案应经设计确定，所用设备的安全性能应良好。

3．边坡及支撑

（1）永久性边坡坡度应符合设计要求，使用时间较长的临时性边坡应进行坡度、喷护设计并经审批后实施。

（2）边坡应设置实体围栏，堆砌挡水坎并定期进行位移测量。

（3）支撑应根据具体施工情况由承包人技术部门进行选择和设计，并报发包人海上风电项目部现场施工管理部门批准。

（4）雨后、解冻以及处于爆破区放炮等以后，均应对边坡和支撑进行检查，发现问题及时处理。

17.13　混凝土结构工程

17.13.1　钢筋工程

1．钢筋加工

承包人应对钢筋加工场地进行规划，并在醒目位置悬挂操作规程。每日开工前由指定人员对设备进行检查，发现设备存在缺陷应及时维修或更换。承包人应安排专人协调控制钢筋加工过程，避免交叉作业。加工完毕及时收集整理加工废料。

2．钢筋搬运

承包人制定钢筋搬运规程，装卸前对作业条件、人员防护进行检查。作业现场指定负责人专门控制，必须根据规范要求用指定运输车辆、专门存放设施，按指定路线限速行驶。对超长、超宽、异形钢筋制定专项运输方案；长短钢筋分开调运，捆扎两道铁丝。

3．钢筋绑扎

制定符合技术标准的作业方案，报发包人海上风电项目部现场施工管理部门审核。建立钢筋绑扎作业区，并实施专项控制。制定检查标准，包括装卸料平台、防落物措施等，攀爬钢筋时系好安全带，穿软底鞋，配备专用工具套筒，禁止持物攀爬。

17.13.2　模板工程

1．模板制作

（1）模板加工作业应在指定的作业区进行，并编制专项施工方案，报发包人海上风电项目部现场施工管理部门审批通过后实施。

（2）模板加工作业前，应由作业负责人组织召开技术交底会议，并定期对作业人员进行培训，考核合格经授权后上岗。

（3）承包人须为模板加工作业人员提供必要的劳动保护用品，包括护目镜、面罩、耳塞、安全帽、安全鞋、工作服、手套等。

2．现场存放

（1）模板应集中分类存放，并采取防倾倒措施，模板堆叠最大高度不得大于 1.6m。

（2）模板存放应设立控制区，指定专人负责管理模板存放。

3．模板安装和拆除

（1）模板安装或拆除前，承包人应编制模板安装或拆除专项施工方案，报发包人海上风电项目部现场施工管理部门审核通过后实施；承包人技术负责人须对模板施工作业人员进行全面的安全技术交底。

（2）大型模板吊装须制定吊装方案，并经发包人海上风电项目部现场施工管理部门审核通过后实施。

（3）模板安装或拆除过程中须由专业人员指挥、监护，安装或拆除作业必须严格按照审核通过后的方案执行。

（4）实施拆除模板应先检查作业条件，确认周边无人才可进行。

17.14 安 装 工 程

1．基本要求

（1）承包人应编制设备设施安装方案，并报发包人海上风电项目部现场施工管理部门审批通过后实施；对于大型、重型设备或特殊位置的安装方案应由承包人组织外部专家进行评审，评审通过后方可实施安装。

（2）安装作业前，应由承包人技术负责人对所有作业人员进行技术交底，每班作业前，技术人员同样应对相关作业人员进行技术交底；作业过程中，承包人应为所有作业人员配备相应的一般劳动保护用品和特殊劳动保护用品。

（3）安装作业人员均应接受专业安全培训、入场安全培训，并经过考核合格，应熟知作业过程安全控制措施，清楚工艺流程、作业内容、注意事项等。

（4）安装作业应进行必要的作业文件准备，施工技术人员应进行危险源辨识和风险评价。

（5）作业负责人应熟悉作业文件，包括图纸、施工方案、风险分析、安全措施、应急措施等。并组织开工会，对班组所有作业人员进行安全技术交底，通过签字保证所有人员了解作业安全要求。

（6）工作负责人负责建立安装作业控制区，张贴作业信息牌，指定作业安全监护人。

（7）作业前由作业负责人按专项检查清单检查作业条件，并签字确认。

2．管阀安装

（1）管道、阀门应尽可能在地面进行组合，然后进行吊装，减少高处切割、打磨、焊接等作业。

（2）对于高处作业，应由专业架子工搭制专门作业平台，两步以上承重平台应经过技术部门专业设计，并经发包人施工管理部门审批，检验合格后方可使用。

（3）大型管道和阀门安装应有专项施工安全方案，并经审批后实施。

（4）作业区域应进行严格控制，避免交叉作业。

（5）进行切割、打磨、焊接、热处理作业，必须办理动火证，设监火员，建立警戒区域，挂明显标志牌并采取有效防火措施。

（6）使用厂房内地面操作的固定起吊设施时，操作人员应经过培训授权。有驾驶室的吊车操作人员必须是专业起重人员。

（7）管阀吊装应选择固定吊点或使用吊架。

（8）应对已安装的管道进行保护，防止异物进入系统，避免踩踏和碰撞。保温材料应集中存放，及时处理。

（9）作业完毕，作业负责人应进行全面检查和清理，保持设备、地面整洁，关闭水、电、气源。

3. 大型设备安装

（1）大型设备安装应编制专项施工方案，承包人安全主管部门应参与专项风险分析、措施制定，方案应经发包人海上风电项目部现场施工管理部门审批。

（2）承包人技术部门应根据工艺过程设立安全控制点，并编制安全专项控制措施进行控制。

（3）承包人应指定专人负责安装现场的总协调，并签发授权令。

（4）应设立作业区实体围栏，并建立出入口登记、控制制度。

（5）每日开工前，工作负责人根据安全条件检查清单，逐项检查，签字确认后，承包人安全管理人员还应进行验证检查，满足开工条件后方可开工。

（6）作业前后材料、工具须进行清点、登记，并根据要求检查工具的保护措施是否满足要求。

（7）作业过程中，作业负责人必须始终在现场协调，需要离开时应指定临时负责人并交代注意事项。

（8）承包人安全管理人员应对安装过程中有特殊要求的项目（如大件吊装、测氧、工具保护、清洁度等）进行跟踪检查，验证安全措施满足后方可签字放行，进入下一道工序。

（9）每道工序（至少每日）前后应进行作业工具及材料清点，任何遗漏在设备内的工具材料必须找到后方可进行后续作业。

（10）大型设备安装结束后，需按照既定方案进行清洁、清理。

（11）承包人安全管理人员应对清理工作进行最终确认。

（12）大型设备安装以后，应制定专项措施进行安全保卫和保护，承包人安全管理部门应检查对应的安全保护条件、措施落实情况，并定期检查维护情况，如消防系统。

（13）设备安装后需要进行保养工作的（如充水、充气保养），应建立定期巡视检查、检测制度。

4. 电气线路安装

电气线路安装前，承包人应编制施工方案，报发包人海上风电项目部现场施工管理部门审批通过后实施。

（1）安装过程中应建立施工作业区，并设专人控制。

（2）作业人员须经过专业培训，考核合格后授权上岗。

（3）安装作业前，应由承包人技术人员对作业人员进行安全技术交底。

（4）作业现场各项条件应满足安全要求，电缆沟内应有足够的安全照明。

（5）对于通风不畅的作业场所，应设置通风设施，必要时还应进行氧气、一氧化碳、硫化氢等气体监测。

（6）在开挖电缆沟时，应取得有关地下管线等资料，连接邻近地下管线时应改为人工开挖，并由技术人员现场监护。

5．电缆敷设

（1）敷设电缆应多人配合、专人指挥、统一行动，并有明确的联系信号。

（2）电缆敷设时做好交叉作业安全防护措施。

（3）电缆敷设完成后立即分段设置电缆标识，并由专业人员检查电缆的完好性，并对破损的电缆进行修补。

（4）完工后对电缆进入厂房、盘柜等处的孔口进行封堵。

6．电气设备安装和试运行

（1）安装和试运行前，安装单位和试运行单位应编制相应的安装方案和试运行方案，并报施工管理部门审批；安装单位和试运行单位皆应取得相应的安装和试运行资质。

（2）作业过程中建立施工作业控制区进行隔离，并设专人控制，未经授权，任何人不得进入作业现场。

（3）安装和试运行方案评审通过后，应由安装或试运行单位的总工或技术负责人组织开展施工方案交底，各级技术人员应对作业人员进行安全技术交底。

（4）所有作业人员皆应通过培训，考核合格且授权后方可进行相应作业，符合国家规定要求取得资格证的须持相应证件上岗。

7．过程控制

（1）安装或试运行作业过程中，应严格按照批准的方案执行。

（2）所有设备周边（如盘柜）不应带电，设备安装就位后应立即连接保护接地线。

（3）盘柜需移动时应使用机械工具，移动过程中严禁人员靠近，同时应做好盘柜的保护工作，尤其是盘柜内的仪器仪表。

（4）安装和试运行过程中，承包人须为工作人员提供个人防护用品以及专用工器具。

（5）作业完成后及时清洁设备，并检查清理包装材料，封堵盘柜。

（6）安装完工后检查消防设施是否处于可用状态。

17.15 调 试 安 全

1．调试活动危险源辨识和风险分析

（1）试验负责人应使参加试验的所有人员了解风险分析单的内容并落实。如发现现场调试活动安全条件不具备或预防措施没落实时，试验负责人应终止试验活动。

（2）试验负责人在试验过程中应进行动态危险源辨识与风险分析，全面掌控并反馈系统、环境、工具材料、工艺过程引发的动态风险。

2．调试人员安全培训授权制度

调试人员应根据现场项目安全培训要求接受相应培训，并取得相应的安全授权。

3．调试工具及仪表的安全控制

（1）在使用过程中应对调试工具、仪表进行检查。

（2）当调试工具、仪表发现缺陷时，应按规定及时维修或报废。

4．调试作业过程安全控制

（1）作业开始前应建立作业区，设置警示标志和信息牌，控制非工作人员进入。

（2）作业前应根据风险分析单要求检查人员、环境、工艺、设备、工具、辅助安全设施、试验边界、隔离措施等，确认满足试验条件后方可开始调试作业。

（3）调试过程中，试验负责人或指定人员应按要求履行调试安全监护责任。

（4）试验结束后，要检查确认系统的最终状态是否满足要求，使现场恢复到正确、安全的状态。

18

非正常工作时间作业控制

18.1 总 体 要 求

（1）严格控制超时加班、赶工加班和非作业时间加班。

（2）在加班作业及夜间作业从事安全高风险活动的，应有明确的安全保证措施。

（3）任何情况下禁止安排身体健康状况不符合作业要求的人员从事施工活动。

（4）加班作业及夜间作业的施工活动必须同时 2 人及以上作业。

（5）必须安排从事超时加班或夜间施工活动的人员次日进行适当的休息。对加班作业人员应在待遇方面有充分考虑和实施。

18.2 施 工 活 动 申 报

（1）承包人须建立加班作业及夜间作业施工活动申报制度，对加班作业及夜间施工作业进行管控。

（2）承包人根据工作安排，每日申报 24 小时加班作业及夜间作业施工活动信息。承包人应于当日下午 16:30 前，将当日夜间施工信息以电子邮件方式报送至海上风电项目部安健环管理部门，确实没有夜间施工的应在表格中填"无"，并按时报送。遇到周末或节假日时，各承包人应于周末或节假日前一天 11:00 前，将周末或节假日（包括夜间施工）施工信息以电子邮件方式报送至海上风电项目部 HSE 管理部门，确实无施工作业的应在表格中填"无"，并按时报送。

18.3 作 业 条 件

（1）加班作业及夜间作业必须严格遵守相关安全管理规定，进行人员、工器具、防护设施、现场环境的确认和作业前安全交底，特别是现场照明条件、临边孔洞防护的确认，符合安全条件方可进行作业活动。

（2）现场须有两人及以上人员在场，作业过程中确保通信畅通。承包人应安排、落实加班作业及夜间作业的现场管理人员和班组安全人员。

（3）加班作业及夜间作业施工活动执行与工作时间内施工活动同等的安全基本要求，期间原则上不安排高风险活动（确需进行，需执行申报制度），涉及安全许可的施工活动和班组管理按作业许可管理规定等要求执行。

（4）夜间施工或在阴暗处作业应确保适宜的照明亮度，以作业人员能清楚地看到作业环境、能顺利地进行安全操作为原则，照明光线不能从作业面下方向上照射，不能有较大面积的阴影区或照明盲区。

（5）夜间施工时，进入现场所有人员均需穿具有反光功能的服装；作业涉及的较大设备、移动设施、交通工具等需有反光标识；夜间施工尽量选用低噪设备或有相应降噪措施。噪声敏感区域禁止有噪声的作业。

（6）出现大雨、强风、雷电、下雪、极度寒冷、能见度差、火灾、附近作业影响等不利环境条件时，应禁止批准申请，如已在作业的立即停止作业。

（7）承包人应安排、落实非正常工作时间的现场施工管理人员和安全监督人员。

（8）承包单位现场管理人员、安全管理人员未到施工作业现场进行监管的，视作严重违章，发包人有权对其做清退处理。

18.4 附　　录

非正常工作时间施工信息表见表 J-1。

19

安 全 培 训

19.1 目 的

规范海上风电项目 HSE 培训工作，提升 HSE 人员素质。

19.2 适 用 范 围

适用于发包人员工、劳务派遣人员、实习人员（简称"员工"）以及参建单位人员的 HSE 培训管理。对于各项目部，相关方（所在地政府、业主及其他管理方）有更高要求的，按其要求执行。

19.3 角 色 分 工

角色分工见表 19-1。

表 19-1 角 色 分 工

项目	角 色 分 工
发包人	（1）组织制定并实施《年度 HSE 培训计划》。 （2）分公司总经理、安全总监每年至少讲一堂 HSE 课程。 （3）协调相关人员编制 HSE 培训教材和担任教员。 （4）监督各海上风电项目部年度 HSE 培训落实情况。 （5）保障资源投入，满足培训需求
各海上风电项目部	（1）组织制定本项目部年度 HSE 培训计划并实施。 （2）组织项目部员工参加 HSE 培训及获取、维持相关资质。 （3）负责本项目部三类人员资质档案的建立和维护（见表 K-1）。 （4）配合分公司 HSE 专项培训教材的开发和提供教员
承包人	（1）建立健全本单位 HSE 培训管理制度。 （2）向海上风电项目部报审三类人员资质档案（见表 K-1）。 （3）组织制定年度 HSE 培训计划并实施。 （4）保障 HSE 培训实施所需资源保障，满足培训需求

19.4 发包人培训矩阵

19.4.1 各海上风电项目部培训矩阵

1. 主要培训课程

各海上风电项目部主要培训课程见表 19-2。

表 19-2　　　　　　　　各海上风电项目部主要培训课程

课程代码	培 训 主 题	频率（年）	课时	培训方式
K1	（1）三类人员取证培训	以政府要求为准		
K2	（2）入场安全授权培训	1	4	M2
K3	（3）HSE 法律法规	—	0.5	M4
K4	（4）岗位安全生产责任制	1	2	M1
K5	（5）HSE 程序培训（分次培训）	1	8	M1
K6	（6）隐患排查标准培训（区分岗位进行培训）	1	4	M3
K7	（7）高处作业培训	1	2	M3
K8	（8）起重作业培训	1	2	M3
K9	（9）潜水作业培训	1	2	M1
K10	（10）环境保护	1	2	M3

注　M1 表示课堂讲授，M2 表示讲授加考试，M3 表示课堂教学＋练习或实物体验，M4 表示自学。

2. 岗位培训矩阵

各海上风电项目部岗位培训矩阵见表 19-3。

表 19-3　　　　　　　　各海上风电项目部岗位培训矩阵

组别	职位名称	需培训课程									
		K1	K2	K3	K4	K5	K6	K7	K8	K9	K10
经理室	项目经理	Y	Y	Y	Y	Y					
	项目副经理	Y	Y	Y	Y	Y					
	项目安全总监	Y	Y	Y	Y	Y					
业务管理部门	桩基与结构队经理		Y	Y	Y	Y	Y		Y		Y
	桩基与结构队高级主任		Y	Y	Y	Y	Y	Y	Y	Y	Y
	结构主管工程师（陆上）		Y	Y	Y	Y	Y		Y		
	结构工程师（陆上）		Y	Y	Y	Y	Y		Y		
	海上土建工程师 1		Y	Y	Y	Y	Y		Y	Y	Y
	海上土建工程师 2		Y	Y	Y	Y	Y		Y	Y	Y

续表

组别	职位名称	需培训课程									
		K1	K2	K3	K4	K5	K6	K7	K8	K9	K10
业务管理部门	海上土建工程师助理		Y	Y	Y	Y	Y		Y	Y	Y
	测量工程师		Y	Y	Y	Y	Y	Y		Y	
	电气与风机队经理		Y	Y	Y	Y	Y	Y			Y
	安装主管工程师		Y	Y	Y	Y	Y	Y	Y		Y
	安装工程师		Y	Y	Y	Y	Y	Y	Y		Y
	电气主管工程师		Y	Y	Y	Y	Y	Y	Y		Y
	电气工程师		Y	Y	Y	Y	Y	Y	Y		Y
	消防暖通工程师		Y	Y	Y	Y	Y	Y	Y		Y
	吊装工程师		Y	Y	Y	Y	Y	Y	Y		Y
	金属焊接工程师		Y	Y	Y	Y	Y	Y	Y		Y
	工控主管工程师		Y	Y	Y						
	合同执行主管工程师		Y	Y	Y						
安健环管理部门	HSE 高级主任	Y	Y	Y	Y	Y	Y	Y	Y	Y	Y
	HSE 工程师	Y	Y	Y	Y	Y	Y	Y	Y	Y	Y
	HSE 工程师助理	Y	Y	Y	Y	Y	Y	Y	Y	Y	Y

注　Y 表示"是"。

项目主要负责人、HSE 专职人员、工程一线员工每年在岗培训不得低于 12h；其他员工在岗培训课时不得低于 2h。

19.4.2　发包人后台培训矩阵

1．主要培训课程

发包人后台主要培训课程见表 19-4。

表 19-4　　　　　　　　发包人后台培训课程

课程代码	培　训　主　题	频率（年）	课时	培训方式
K1	（1）三类人员取证培训	以政府要求为准		
K2	（2）入场安全授权培训	1	4	M2
K3	（3）HSE 法律法规	—	0.5	M4
K4	（4）岗位安全生产责任制	1	2	M1

注　M1 表示课堂讲授，M2 表示讲授加考试，M3 表示课堂教学＋练习或实物体验，M4 表示自学。

2．岗位培训矩阵

发包人后台不区分岗位培训矩阵，相关人员开展如表 19-4 所示 4 门培训课程。

19.5 承包人 HSE 培训要求

19.5.1 专项培训

（1）承包人负责人和安全健康环境管理人员应当经具备相应资质的培训机构培训合格，取得培训合格证书，持证上岗，证书应报海上风电项目部安健环管理部门备案。

（2）承包人应结合现场实际制定《年度 HSE 专项培训计划》，并组织相关方开展 HSE 专项培训工作。主要培训内容应当包括下方内容：

1）适用的安全健康环境法规标准（包括法律、法规、规章、规范性文件以及国家、行业、地方相关标准规范等）；

2）业主公司、海上风电项目部对于现场的 HSE 管理要求；

3）施工现场安全健康环境风险及其预防控制措施；

4）施工现场安全设施、职业病防护设施、消防设施、环保设施、个人防护用品以及其他应急救援设施的使用方法和日常检查维护要求；

5）事故现场自救互救、现场急救、紧急疏散方法以及现场紧急事件处置等；

6）施工安全健康环境典型事故事件和应急救援案例分析；

7）特种作业人员培训及复训；

8）关键机械设备检查、维护、保养要求。

19.5.2 基本安全复训

承包人每年度应组织基本安全复训，基本安全复训的内容包括修订或升版的安全程序、业主或发包人新的管理要求、现场主要风险及预防措施、内外部典型事故案例或隐患案例反馈、安全奖惩规定、HSE 考核办法等，基本安全复训时间不少于 2h。

19.5.3 日常安全教育与宣传

承包人应充分运用班前会（班前会记录单见表 K-2）、经验反馈会议、现场巡查交谈、宣传板、现场视频等多种方式开展安全教育。

19.6 HSE 培训记录

由发包人后台组织的 HSE 培训记录由后台留档，由各海上风电项目部组织的 HSE 培训记录由各项目部留档。

19.7 附 录

三类人员台账信息见表 K-1。

20

安 全 投 入

20.1 承包人的安全投入与资源保障

承包人应为建立、实施、评价和持续改进 HSE 管理体系配备适当的资源。

（1）承包人必须严格按照国家、行业及合同的有关规定，足额提取安全生产费用，并确保安全生产费用专款专用，不得挪用。同时鼓励加大在安全生产方面的费用投入和科技创新，推动实施本质安全化。发生挪用的，发包人有权在合同支付中扣除相应金额的工程款并作为安全投入费用，同时依据合同对挪用单位实施相应处罚。

（2）承包人有分包时，必须按照合同要求及时、足额地将 HSE 资金拨付给分包商，并要求分包商自身提供 HSE 资源保障。

（3）发包人有权对承包人安全投入和资源的使用情况进行检查，承包人须予以配合。

（4）承包人应按照法规及合同要求对合同项目的安全投入做出合理、及时、足量的安排，保证有足够的资金用于建立、维护、改善施工安全环境条件和作业安全条件。承包人应按照合同中《安全投入模型》（见表 L-1）的规定建立本工程的《安全投入项目清单》，作为安全投入的技术性依据。

（5）承包人在开工后一周内参考《海上风电工程安全生产投入模型》（表 L-1），编制《安全投入计划》，确保安全投入有效，切实起到提升安全管理水平的目的。

（6）安全生产费用经审核后据实支付，如不满足国家及合同使用要求，可拒绝支付。

（7）如安全费用实际投入与模型有冲突、遗漏或异议的地方，以尽可能有利于现场安全管理水平提高为原则，参考相关法律法规、规章制度以及合同约定，建设单位、发包人、承包人三方协商解决。

（8）若合同规定的安全投入专项资金不能满足"安全投入项目"的资金需求，承包人应按合同规定从其他渠道安排资金，保证不折不扣地落实"安全投入项目"。

（9）海风项目部有权对现场安全管理状况进行定期评价，评价的结果将作为支付安全经费的重要依据之一。如承包人的安全生产达不到一定的水平，导致现场存在重要问题或隐患，且经海上风电项目部指出后不及时整改，必要时，海上风电项目部将组织人员进行整改，发生的费用从承包人的安全措施费中扣除，同时海上风电项目部可根据相关规定扣除部分应支付的合同款。

（10）海上风电项目部的安全投入的支付方式通常为以下方式：

1）首期支付。合同生效后，承包人应根据海上风电项目审核通过的安全投入预算方案，向海上风电项目部申请支付首期安全措施费。首期安全措施费占总安全措施费的50%。

2）剩余支付。剩余50%安全措施费按照工程建设进度按合同约定的方式按月、季或其他约定的期限进行支付。承包人在申请剩余安全措施费用的支付时，应提供以下材料：

a．当期安全业绩证明（见表 L-2），并经发包人现场施工管理部门和安健环管理部门审核确认；

b．与申请金额相等的合法商业或税务发票（发票日期应与申请支付期限吻合，且备注所使用的海上风电项目名称），以及物资或活动的照片等证明性材料。相关票据及证明材料严禁"一票多次用"或"一票多地用"。

20.2 分包商的安全资源保障

（1）承包人应对其分包商及劳务工实行直接的安全管理，承包人以任何用工形式使用的长期劳务工和短期/临时劳务工，都属于承包人员工。承包人对分包商及劳务工安全管理负有全部责任。对承包人任何形式用工而产生的安全隐患、事件、事故，海上风电项目部按合同要求直接追究承包人的责任。

（2）承包人应对分包商、劳务工提供单位的安全资质实行有效控制，海上风电项目部有权对分包商、劳务工提供单位的安全资质的审查文件进行检查。

（3）承包人应监督检查分包商劳保用品发放情况，严禁从劳务工工资中扣除劳保费用，一经发现，严肃处理。

（4）海上风电项目部已设立举报电话，承包人员工（尤其是分包商、劳务工）有权向海上风电项目部有关部门投诉劳动保护、拖欠工资、工伤保险、强令冒险作业等方面的不公正待遇和不安全行为。

（5）海上风电项目部将不定期检查承包人的安全投入预算、计划及执行情况，承包人的安全投入应覆盖分包商、施工队及劳务人员；承包人不得克扣或削减对分包商的安全投入；承包人应监督分包商的安全投入使用情况，并承担相应责任。

20.3 附 录

（1）表 L-1：海上风电安全投入模型。

（2）表 L-2：安全业绩证明。

21

职业卫生和健康

21.1　职业危害因素识别和控制

（1）承包人应根据《职业病防治法》建立包括职业危害因素识别与评价、作业区域布局与规划的职业危害防治计划和实施方案；对可能发生急性职业损伤的有毒、有害工作场所，承包人应当设置报警装置，配置现场急救用品、冲洗设备，划分应急撤离通道和必要的泄险区。

（2）承包人应设置或者指定职业卫生管理机构或者组织，配备专职或者兼职的职业卫生专业人员。

（3）承包人应当组织法定检测单位对所涉及的职业危害因素进行定期检测、评价，并配备常用仪器，由经过培训的专人负责职业危害因素日常监测。

（4）工作场所职业危害因素不符合国家职业卫生标准和卫生要求时，承包人应立即停止相关作业；经治理并符合国家职业卫生标准和卫生要求后，方可重新作业。

（5）承包人应定期向劳动者公布职业危害相关信息。

21.2　职业健康保障

（1）承包人必须保证所有劳动者身体状况满足职业要求，控制劳动强度，保证休息时间。

（2）承包人应设置或者指定职业卫生管理机构或者组织，配备专职或者兼职的职业卫生专业人员，负责本单位的职业健康管理工作，负责建立劳动者健康监护档案。

（3）对从事接触职业危害的作业的劳动者，承包人应当组织上岗前、在岗期间和离岗时的职业健康检查，进行工作健康适应性评价，并将检查结果如实告知劳动者；职业健康检查费用应由承包人承担。

（4）对在职业健康检查中发现有与所从事的职业相关的健康损害的劳动者，应当调离原工作岗位，并妥善安置。

（5）承包人必须采用有效的职业病防护设施，并为劳动者提供个人使用的合格的职业病防护用品并维持其可用。对职业危害防护设备、应急救援设施和个人使用的职业危害防护用品，承包人应当进行经常性的维护、检修，定期检测其性能和效果，确保其处于正常状态，不得擅自拆除或者停止使用。

（6）承包人必须参加工伤社会保险和意外伤害险，属于国家规定的高危行业、领域的，应当投保安全生产责任保险。

22

环境保护规定

22.1 定义与缩略语

环境因素：一个组织的活动、产品和服务中能与环境发生相互作用的要素。

重要环境因素：具有或能够产生重大环境影响的环境因素。

危险废物：列入国家危险废物名录或者根据国家规定的危险废物鉴别标准和鉴别方法认定的具有危险性的废物。

污染预防：旨在避免、减少或控制污染而对各种过程、管理、材料或产品的采用，可包括再循环、处理、过程更改、控制机制、资源的有效利用和材料替代等。

环境绩效：组织对其环境因素进行管理所取得的可测量结果。

节能减排：加强用能管理，采取技术上可行、经济上合理以及环境和社会可以承受的措施，从能源生产到消费的各个环节，降低消耗、减少损失和污染物排放、制止浪费，有效、合理地利用能源。

22.2 目 的

依据国家、行业环境相关法律法规及环境管理体系要求，充分识别公司管辖责任范围内的环境因素和环境影响控制职责、方法和要求，对重要环境因素进行全面评价和有效控制，降低污染排放和环境影响。

22.3 适用范围

适用于发包人直接实施的环境因素识别与管理工作，以及在发包方各海上风电项目部总体管理下承包人负责实施的工作，发表人环境保护要求应作为编制相关程序或方案的最低要求，当出现与相关法律法规要求不一致时，采用更严格的标准。

22.4 相关文件

（1）《中华人民共和国环境保护法》。

（2）《中华人民共和国大气污染防治法》。

（3）《中华人民共和国水污染防治法》。

（4）《中华人民共和国固体废弃物污染环境防治法》。

（5）《中华人民共和国环境噪声污染防治法》。

（6）《中华人民共和国放射性污染防治法》。

（7）《中华人民共和国水土保持法》。

（8）《建设项目环境保护管理条例》。

（9）《环境因素识别及管理程序》。

（10）《中华人民共和国海洋环境保护法》。

（11）《防治船舶污染海洋环境管理条例》。

（12）GB 3552《船舶污染物排放标准》。

22.5 职　责

22.5.1　发包人 HSE 部门

（1）组织本规定的编制、审核及定期评审；

（2）对环境运行管理进行指导、监督和评价，为各海上风电项目部提供有效的资源和管理支持；

（3）根据程序执行中反馈的意见，修订、完善本程序内容。

22.5.2　发包人业务管理部门

（1）执行本规定，提供资源，确保在现场充分遵守和执行管理要求；

（2）识别本部门相关活动的环境因素并实施控制，确保其符合法规标准及管理体系要求；

（3）配合公司 HSE 部门开展环境因素识别与控制的符合性、有效性检查及监督。

22.5.3　各海上风电项目部 HSE 部门

（1）组织开展项目现场环境因素识别、影响控制相关工作；

（2）监督、指导环境因素控制措施的落实，确保符合程序要求；

（3）建立和维护项目现场环境事件应急机制；

（4）开展项目现场环境管理监督和有效性评估工作。

22.5.4　各海上风电项目部业务管理部门

（1）执行本规定，确保管理要求得到充分遵守和执行；

（2）协调、监督承包人落实环境管理工作，确保合法合规，满足项目环境管理标准；

（3）环境相关的施工许可申报，包括对承包人负责许可申报的督促和检查；

（4）识别环境因素，评估环境影响，组织制定和落实改进行动；

（5）对职责范围内的环境管理进行检查和过程监控；

（6）针对重要环境因素相关事项，与业主、承包人、政府主管部门及其他相关方开展信息交流；

（7）审核承包人现场环境控制相关程序。

22.5.5 承包人

（1）根据本规定及其他相关要求，建立本单位的环境运行管理相关程序，报海上风电项目部审核；

（2）落实环境管理相关要求，开展定期检查、评估和改进；

（3）保障开展环境因素识别和环境影响控制的各类资源，包括开展相关培训；

（4）组织开展项目现场环境因素的监测、评价和公示工作；

（5）配合、参与海上风电项目部组织的环境管理专项检查、监督活动；

（6）负责将环境管理策划、实施和改进的过程或结果形成文件或记录。

22.5.6 环境服务提供商

（1）按照环境相关法律法规、合同以及本规定要求，负责相应垃圾或危险废物处理、环境监测、环境施工维护等服务工作；

（2）依据合同及相关规定要求，向海上风电项目部提交有关资料和报告；

（3）按照合同约定，定期开展环境监测相关服务，提交报告。

22.6 角 色 分 工

角色分工见表22-1。

表22-1　　　　　　　　　　角 色 分 工

项目	角 色 分 工
发包人	修订《海上风电项目环境保护管理规定》，明确发包方环境保护相关要求
各海上风电项目部	监督各承包人是否落实本单位环境保护制度；反馈过程中存在的问题及提出改进建议
承包人	建立健全本单位环境保护管理制度，严格履行环境保护相关职责

22.7 总 体 要 求

（1）各海上风电项目部应结合发包人及业主公司相关目标及要求设置环境管理目标与考核指标，定期开展环境绩效评估与考核。

（2）对施工现场重要环境因素进行运行控制，确保实现环境目标和指标，严格遵守适用法律法规和其他要求。

（3）按照法规和标准的要求开展环境危害因素以及环境保护、节能减排相关监测。

（4）要求所有相关方在工程活动中依法保护自然环境，在废物排放和处理方面严格执行法律法规和标准规范，并在满足有关要求的基础上尽可能减少施工活动对自然环境的有害影响。

（5）开展法律法规规定的环境相关的环保申报、施工许可申报、排污许可申报，以及环保相关设施验收、投运许可的申报，建设单位牵头，联合项目部配合。

（6）按照"三同时"制度，开展各环保设施的施工、调试、投运及验收。

（7）由于临时活动或永久性环保设施无法投运时，需制定环境管理临时方案，设立临时环保措施/设施，确保污染物控制、环境保护的实施。

（8）施工过程中危险化学品的使用、管理和处置，需满足法规和各级环保部门的要求，做好安全防护和管理，防止事故发生。

（9）如果施工承包人、设备供应商或其他供方所提供的产品和服务涉及重要环境因素，应通过合同、协议以及沟通、协调、交流、监督检查等方式，使其环境绩效符合项目的环境方针、目标和指标。

22.8 环境因素识别及影响评价

海上风电各项目部参考发包人《环境因素识别及管理程序》组织各项目部相关部门及承包人开展环境因素识别及影响评价工作。

22.9 主要环境因素与管理措施

22.9.1 陆域生态

海上风电场的建设将永久占用部分陆上植被覆盖区，其表土和植被需要剥离，从而会影响当地植物资源量和动物的生存环境。

依照批准的水土保持方案，在工程建设中有计划地进行绿化和植被恢复，做好水土保持工作，将对受影响的陆域生态环境进行有效的恢复。

1. 噪声

不同施工阶段，使用不同的施工机械设备，因而产生不同施工阶段噪声，施工期噪声主要来自不同施工阶段所使用的不同施工机械的非连续作业噪声。

采取措施：

（1）采取必要的措施来尽可能降低施工作业时的噪声，如选择符合要求的机械设备及施工工艺、加强设备的维护、进行现场围挡等；合理安排施工进度，加强在施工期间对高噪声设备的管理，避免高噪声设备的同步施工。

（2）对于可能造成声环境敏感点影响的工程，在夜间尽量不施工，或夜间施工禁止使用重型施工机械；应限定夜间作业时间，减少大噪声设备的运行，并通告相关居民。

（3）制定并实施土石方爆破方案时，应考虑将爆破造成的振动和噪声控制在限定范围内，并且不得对近邻运行设施产生安全危害。

2. 大气

施工期间对大气环境的影响主要来自施工扬尘、烟尘；施工机械及运输车辆排放的废气；工地车辆行驶时引起的沙尘；爆破造成的粉尘、烟尘。

采取措施：

（1）存在或产生粉尘、烟尘的场所应采取合理、先进的施工/作业工艺，减少各类粉尘的产生和排放，采用有效措施避免施工粉尘的抛洒、飞扬。不得在厂区开展产生有毒有害烟尘或臭味气体的作业（含焚烧垃圾）。

（2）作业时，应采取遮挡、加垫等措施，避免施工粉尘的抛洒、飞扬。对于轻质飞扬材料、垃圾的运输、装卸、贮存，采用覆盖或密闭运输、减缓倾倒速度、存于库房或严密遮盖等措施。

（3）道路、场地硬化、固化；配备洒水设备；专人保洁；对于未硬化、固化场区进行洒水或遮盖。对车辆喷水降尘。出场前检查封闭性，以减少扬尘和沿途溢洒。所有车辆须经年检合格、尾气排放达标。加强施工车辆、机械设备等的保养，避免非正常运行产生的废气。

（4）制定并实施土石方爆破方案时，应考虑爆破造成的粉尘、烟尘在限制范围内。

（5）产生有害气体的设备系统，应有净化处理设施和监测报警控制。对有害气体的设备和管道要严格检查和密切跟踪其密封性，一旦发现泄漏情况，立即进行处理。

（6）为相关作业人员提供防尘口罩。

3．固体废弃物

在建设过程中产生的固体废弃物主要有开挖土地产生的土方，建材损耗产生的垃圾、木料、铁料及塑料等建筑废料；装修产生的建筑垃圾和施工人员的生活垃圾。建筑垃圾可分为可回收废弃物、一般建筑垃圾和危险废物。

采取措施：

（1）施工现场和生活、办公场所应设立适当数量的分类垃圾桶，分类收集、转运，可收回资源尽可能再利用。并及时清运到指定地点、位置或送有资质单位处理。生活垃圾中属于危险废物的，包括医疗服务中产生的临床废物，按危险废物处理要求处理。

（2）施工废弃物：施工现场应分类设置堆放点。可回收废弃物应按规定回收。一般建筑垃圾应在指定垃圾场填埋。按危险废弃物处理要求，严禁随意将有毒有害废物等用作土方回填或倾卸到弃渣场。严禁在非指定区域倾卸废物。

4．危险废弃物

（1）危险废弃物贴上标识，分类存放，集中管理，同时应建立危险废物处理台账。应交有消纳资质单位处理，不得擅自倾倒、堆放。

（2）临时贮存危险废物时，必须采取适宜的防护措施，防止污染环境。

（3）转移危险废物时，必须按照国家环保总局或地方环保行政机关有关的规定填写危险废物转移联单。

（4）承包人与第三方签订的危险废物处理合同以及危险废物处理相关资料要定期报联合项目部备案。

5．水污染

施工期间对水环境的污染主要来自土石方和建筑材料的流失，生产废水（场地冲洗水、钻探水、混凝土搅拌水等）、调试废水和生活污水的排放。土石方工程、海工工程，剥离地表植被，对地貌、土地和植被产生扰动和损坏，将会造成一定数量的水土流失。

采取措施：

（1）现场施工、生活污水按清、污分流，雨、污分流，合理组织排放。

（2）施工废水排放前须经预处理并达到排放标准后，方能进入排污系统；在满足相关要求的前提下，应作为回水优先安排在施工现场重复使用；妥善处理泥浆水，未经处理不得直接排入排水系统。要求所有承包人进场以前，向现场项目部报批现场所有的施工及生产临建区域的排水平面及系统规划图，承包人排放含有危险化学品、重金属等危害物质的废水时，须填写现场排水申请表。

（3）生活污水收集后经污水处理站处理后排放。污水处理站未建成投运前，归口管理部门应制定并实施临时污水处理、排放的方案，法规有要求的，应报地方环保部门认可。

（4）水土保持：需按水土保持方案设计、施工、验收和监管水土保持工程。完工后及时修复受到破坏的生态环境，并采取绿化措施。开挖、回填等土石方工程施工过程中应采取相应措施，防止水土流失，不能恢复的要采取适宜的防风、防洪、防塌陷等保护措施，并制定绿化规划，施工后实施。

22.9.2 海域生态

1. 主要环境危害因素

工程建设施工内容有风电机组基础施工与吊装、海上升压站建设和电缆敷设。风电机组基础施工与吊装过程中海域主要污染环节为打桩时产生的悬浮物、施工船舶产生的废水、废气以及固体废弃物等。其中废水主要为生活污水和船舶含油污水；废气主要为施工机械燃油废气；固体废弃物主要为施工人员生活垃圾以及施工废料等。风电机组安装与吊装过程中基本无污染物排放。

海上升压站施工过程中海域主要污染环节为打桩时产生的悬浮物，施工船舶产生的废水、废气以及固体废弃物等。其中废水主要为生活污水和船舶含油污水，废气主要为施工机械燃油废气，固体废弃物主要为施工人员生活垃圾以及施工废料等。设备运输及安装过程中基本无污染物排放。

海底电缆施工过程中海域主要污染环节为挖沟犁开沟过程中以及埋设电缆过程中产生的悬浮物；施工船舶、运输船舶及其他施工机器设备的燃油废气、噪声、含油废水等；同时还有施工人员的生活污水和生活垃圾排放。

2. 污染防治对策措施

污染防治对策措施见表22-2。

表22-2　　　　　　　　污染防治对策措施

影响要素	污染物	污染源	环保措施	预期效果
水	含油污水	船舶机舱含油污水	施工船舶装灌油污水的舱柜或容器等，集中收集和贮存，参照《防治船舶污染海洋环境管理条例》，不在海域排放，交由有资质的单位接收到岸上集中达标处理	所有污染物均不排海，不影响该海域水质和生态环境

影响要素	污染物	污染源	环 保 措 施	预期效果
水	含油污水	船舶及其他施工机器作业期间漏油或者维修产生的油污	交有危险品处理资质的单位进行安全处理	所有污染物均不排海,不影响该海域水质和生态环境
			必要时可考虑使用备用的溢油回收设施	
		船舶、机器等清洗	定期上岸请有资质的单位清洗并检修	
	生活污水	船舶生活污水	与船舶含油污水一起接收至岸上,交船舶污染物接收单位处置	
固体废物	生活垃圾	船舶生活垃圾	与船舶污水一起接收至岸上,交船舶污染物接收单位处置	固体废弃物均送到指定地点处理,不会影响该海域水质和生态环境
	生产垃圾	扫海清障固体废物	在施工船舶上设置专门的装置统一收集并运回陆上统一处理	
		风电机组安装产生的废弃焊头和包装等	在每个焊接作业点配备收集铁桶。在每个施工现场设置废料回收桶,施工结束后统一回收至陆上处置	
		机械设备作业产生的残油、废油等危险废物	统一交由有危险废物处理资质的单位对其进行安全处置	
其他	废气	施工船舶废气	施工船舶和施工机械废气排放按照《MARPOL 73/78 附则 VI——防止船舶造成空气污染规则》规定实施	对周边影响较小,可忽略不计
	噪声	施工船舶噪声	施工船舶、打桩产生的噪声	

(1)海洋工程施工获得地方海洋行政部门许可,应确保作业活动不对作业海域环境及海洋生物产生影响。

(2)海底清淤时,确保水下爆破产生的振动不会对海洋生物造成伤害;清淤需获得地方海洋行政部门的许可,并在指定的海域倾倒淤泥。

(3)海上作业船只具有作业许可证,严格遵守相关环保规定,不得随意排放生活污水和垃圾。

(4)合理安排施工进度,工程尽量避开浮游生物和鱼类繁殖生长旺盛的季节。

(5)应制定预防措施和应急预案,预防机油向海洋泄漏,或尽可能降低泄漏造成的危害。

22.9.3 节能减排

(1)严格施工定额管理,建立节能降耗机制,鼓励优选有利于节能降耗的技术方案、设备和材料。

(2)加强水、电、气、汽等公用设施的检查、维护。

(3)建立废水复用、废料回收、弃土(渣)回填等制度,充分利用资源,减少排放。

(4)负责行政后勤的部门应制定可行的节电、节水、节约办公用品等节能降耗制度,并监督执行。各部门严格遵守节能降耗制度。

22.10　环境污染应急响应

各海上风电项目部应识别现场环境风险，预测环境紧急情况、事件或事故的严重程度，识别周边设施可能发生的环境事故，提前制定应急响应措施，如确立处理方法、疏散路线、集合地点及联络方式等。按上述流程制定响应预案或处置方案，列出关键人员及援助机构单位（如消防、泄漏清理部门等），并定期测试应急响应流程，对应急响应人员开展培训。

在内、外部事故发生后，据经验反馈情况，制定和实施纠正和预防措施，更新已辨识的环境因素清单、环境管理方案等文件。

22.11　承　包　人　要　求

（1）承包人应建立本单位项目现场环境管理相关程序，根据自身业务活动开展环境因素识别和环境影响评价，制定并实施相应的控制措施。

（2）当环境相关法律法规、施工活动或施工工艺发生变化或发生环境污染事件以及外部重大环境影响事件时，承包人应及时对环境因素及影响评价清单进行更新。

（3）承包人在编制本单位程序时，应充分参照本程序所述有关规定，并根据合同要求，在正式发布前提交海上风电项目部业务部门审核。

（4）承包人应将本单位识别的环境因素及影响评价清单报送海上风电项目部备案。

（5）承包人HSE工作计划应包含环境保护相关工作，并应通过日常检查、专项监督等方式对本单位环境管理的合规性及有效性进行评价，确保环境因素有效控制。

（6）承包人在施工方案、作业程序或专项控制方案中，应识别作业过程中的环境因素，并明确环境风险控制措施。

（7）根据承包人现场环境管理现状与风险，海上风电项目部HSE部门应牵头组织有关专项检查或专题监督。各海上风电项目部所开展的检查监督活动不能免除承包人有效执行和强化环保要求的职责。

22.12　记　　　录

记录包括环境因素识别及影响评价表、环境监测报告、专题培训、隐患排查整改、检查监督记录等。

22.13　附　　　录

（1）表M-1：环境因素多因子打分评价表。

（2）表M-2：环境影响评价表。

23

停 工 令

23.1 定义与缩略语

停工：停止生产活动。

停工令：根据合同或其他规定所发布的停止生产活动的书面指令。

复工：恢复生产活动。

23.2 目 的

停工令旨在规范公司对所承接海上风电工程项目现场生产活动的停工和复工管理，明确由于安全、健康、环境原因发出停工指令的准则、职责权限和管理要求。

23.3 适 用 范 围

停工令适用于发包人管理范围内的所有海上风电工程项目现场由于对安全、健康、环境不利原因导致的停工管理。由于其他原因（如不可抗力、气候、自然条件等）导致的停工不适用停工令。

23.4 基 本 原 则

停工的目的，是通过采取即时控制措施、最大限度地避免有害于安健环的状况进一步恶化/扩大，防止产生更严重的后果或更大的损失。

当发现某种状况如果不立即加以控制，将导致对海上风电工程安全、健康、环境产生重大风险或损害时，发包人负责管理和监督现场生产活动的部门/人员有权发出停工指令，包括但不限于以下情况：

（1）现场发生严重背离"弄虚作假零容忍、违反操作零容忍"要求，或违反发包人安质环禁令的情况；

（2）现场发生严重事故事件，或短时间内多次（2次及以上）发生同类型的事件；

（3）现场存在潜在后果严重的风险/隐患/不符合项，若继续作业可能导致较大事故事件或经济损失的情况；

（4）常规纠正措施已不能及时或有效作用，如针对现场问题发出整改通知单后短期内重复发生、责任单位/部门存在拒不执行整改要求或拖延执行、敷衍应付等"软对抗"的组织行为；

（5）内外部检查发现体系运作失效或管理混乱，或上级监管/业主/监理单位提出停工要求时；

（6）其他为确保工程安健环需要紧急停止工作的情况，如业务管理或监督部门认为有必要发出停工指令等。

当外部单位（如监管机构、海事机构、上级单位、业主公司、监理公司）针对现场活动已发出停工令时，应优先执行外部单位对停工、复工的相关管理要求，发包人或项目部可根据实际需要判断是否发出停工指令。

23.5 停工准则及停工权限

23.5.1 局部停工

局部停工指对现场作业局部位置、单一活动的停工。例如：某个基础附件安装、某段海缆敷设的停工。

（1）出现以下情况之一时，可以发出局部停工令：

1）发生重大未遂、轻伤及以上事件；

2）发生局部环境污染事件；

3）发现某一作业工序中违反公司禁令的行为；

4）发现部分工艺、人员、工器具、材料不合格；

5）现场作业条件存在较大安全隐患，如消防、密闭空间作业、高处作业、用电等活动防护措施缺失。

（2）以下人员具有发布局部停工令的权限：

项目部业务管理部门高级主管及以上、现场安健环管理部门高级主管及以上、发包人安健环管理部门高级主管及以上。

23.5.2 区域停工

区域停工指对现场作业局部区域、多项活动的停工。例如：某专业领域、分部分项工程的停工。

（1）出现以下情况之一时，可以发出区域停工令：

1）发生重伤及以上事件；

2）发生影响较大的环境事件；

3）发现某一区域多处或多次作业活动存在违反公司禁令的行为；

4）发现大宗材料不合格，或工艺、人员、器具、材料存在系统性管理缺陷；

5）现场作业条件存在重大安全隐患，如施工组织方案中安全措施缺失等；

6）安健环管理体系及运作存在较大缺陷。

（2）以下人员具有发布区域停工令的权限：项目部项目经理、项目副经理、项目安全总监。

23.5.3 项目停工

项目停工指对整个项目作业区域、全部活动的停工。

（1）有以下情况之一的，可以发布项目级停工令：

1）违反了《中华人民共和国安全生产法》及其他安健环相关法律法规，并导致严重后果；

2）发生被政府部门处罚的环境污染事件；

3）政府监管部门或上级主管单位、业主公司责令停工整改的；

4）发生人员死亡或群伤事故的；

5）安健环管理体系存在严重缺陷，或被外部独立检查认为体系运转失效。

（2）以下人员具有发布项目级停工令的权限：

1）发包人总经理；

2）发包人安全总监。

23.6 停工及复工管理

23.6.1 停工令的发出

停工令（附件 L-1）应由发出部门通过正式渠道（如函件）发送被停工单位/部门，并抄送相关部门，项目级的停工令应抄送公司总经理部。

当情况紧急时（出现危及安全、健康、环境的情况且需要立即制止时），可以先口头通知责任单位/部门立即停止工作，再补发书面的停工令，补发的停工令原则上必须在口头通知停工后24h内发出。

23.6.2 停工令的实施和复工申请

被停工单位在接到停工令（包括口头、书面）后，应立即按要求停止指定区域和/或工作范围内的相关生产活动，做好必要的隔离和保护措施，确保活动相关设施处于安全的状态、并在停工区域适当的位置设置明显的警示标识。

当停工令发出部门提出的停工措施可能严重危害到正在进行的作业/环境/人身安全时，（即停工措施要求本身存在问题），被停工单位应及时联系停工令发出部门，提出建议处理方案，并在该方案实施完成后，立即执行停工指令。

被停工单位应根据停工令提出的问题和纠正措施要求，制定具体可行的整改计划，并经停工令发出单位审核同意后方可实施。

被停工单位在按计划完成整改，并经本单位内部审查通过后，应通过正式渠道（如函件）向发出停工令的单位提出复工申请（局部停工除外）（表 N-2），并详细说明整改计划各项行动的实施和内部审查验证情况，相关执行证据/记录应汇总备查。

23.6.3 停工令的验证和解除

由发出停工令的部门负责验证复工申请是否满足关闭条件,验证合格后解除停工令。

经验证不具备关闭条件的停工令,被停工单位需按验证意见完成整改,再次提出复工申请,直至验证关闭。

特殊情况下,如停工令所要求的纠正措施不能及时、全部完成,或完成效果达不到全部满意时(但已完成的部分应全部满意),可考虑对已完成且验证满意的内容进行部分放行,部分放行必须清晰地指明所放行的区域/范围。

23.7 记　　　录

当停工整改结束,被停工单位已经复工后,开启停工令的部门应对本次停工活动产生的相关文件、记录进行整理存档。这些文件记录包括:

(1)停工令;

(2)复工申请;

(3)验证记录。

23.8 附　　　录

(1)表 N-1:停工令。

(2)表 N-2:复工申请。

24

事 件 管 理

24.1 定 义 与 缩 略 语

HSE 事件：已造成或可能造成与工作相关的职业健康、安全、安保、财产损失及环境相关的异常情况。HSE 事件包括了下列定义中的各种不同严重度的事件。

HSE 事故：造成职工（包括临聘、借聘、劳务人员及承包人人员）发生轻伤及以上伤亡、患职业病，或重大财产损失及以上，或环境污染的意外事件。HSE 事故属于 HSE 事件。

未遂事件：已发生的可能导致但实际未导致人身伤害、财产损失、环境污染或声誉影响的事件。未遂事件分为重大未遂事件、一般未遂事件。

1）重大未遂事件：潜在后果严重，可能导致人员死亡、重伤的未遂事件。分类标准详见表 L-1。

2）一般未遂事件：除重大未遂事件以外的未遂事件。

急救事件：仅需使用简单救护方法（如现场急救箱），不需进一步专业医疗处置的事件，通常人员可即刻返回工作岗位继续工作。

医学处置事件：需由专业医护人员（护士、执业医师）进行专业治疗，但没有导致损工事件或限工事件，且不影响下一班次工作的事件。典型情形如轻微割伤、擦伤、轻微烫伤或烧伤、细微伤口等。

1）限工事件：因工作受伤，导致人员返回岗位后只能履行部分职责，或履行正常职责的时间减少；或被调换岗位从事临时性工作的事件。

2）损工事故：因工作受伤，导致人员无法返回岗位从事次日正常班次的工作（不论次日是否工作日）。另外，损失天数只计算全天，即受伤当天不计。损工事故不包括死亡、限工事件及医学处置事件。

3）轻伤：人员负伤后休息 1 日（日历日，下同）及以上、105 日以下的失能伤害；或者符合《人体损伤程度鉴定标准》的条款。

导致死亡风险较大的轻伤事故：包括以下情况的轻伤事故：大于 5m 落差的高处坠落；220V 及以上直接触电或高压对人体放电；高温高压蒸汽灼烫；含转动部件失控飞出；重物落差的物体打击；坍塌、透水、放炮、各类爆炸；易燃气体/液体泄漏，并达到爆炸极限；中毒、窒息。

重伤：人员负伤后损失 105 日及以上的失能伤害；或者符合《人体损伤程度鉴定标准》的条款。

群伤：造成 3 人轻伤及以上的人身伤害事故。

死亡：统计以事故发生后 30 日内死亡为限（道路交通事故、火灾事故自发生之日起 7 日内，因医疗事故而死亡的除外）。

业务管理部门：除发包人经理室及安健环管理部门、各项目安健环管理部门之外的各类组织和部门，承担"管生产必须管安全"的具体执行职责。

24.2 目 的

建立发包人 HSE 事件的分类、定性，以及报送、调查、反馈行动的管理要求，规范 HSE 事故、事件的管理。

24.3 适 用 范 围

适用于发包人管辖范围内的工程项目、办公场所等 HSE 事件的报告与调查工作。对于国际业务，在执行该程序的同时应满足所在国法律法规以及业主方的要求。

24.4 职 责

24.4.1 发包人总经理
建立发包人 HSE 事件报告及调查制度。

24.4.2 发包人安全总监
（1）协助总经理建立发包人 HSE 事件报告及调查制度；

（2）按时限要求及时、如实向发包人总经理报告 HSE 事件；

（3）组织开展发包人 HSE 事件调查与处理，督促落实整改措施。

24.4.3 发包人安健环管理部门
（1）制定和维护公司 HSE 事件报告及调查制度；

（2）按时限要求及时、如实向发包人总经理、安全总监报告 HSE 事件；

（3）牵头组织或配合发包人安排的 HSE 事件调查；

（4）指导、监督本规定的执行，跟踪整改措施的落实。

24.4.4 发包人业务管理部门
（1）按时限要求及时、如实向发包人安全部门报告 HSE 事件；

（2）根据安排，牵头组织或协助事故调查，提供技术支持；

（3）指导、督促下级业务部门严格执行本规定要求；

（4）牵头或督促下级业务部门制定、落实事故整改措施，开展事故经验反馈。

24.4.5　海上风电项目部项目经理

（1）按时限要求及时、如实向发包人总经理、安质办、业主公司报告项目 HSE 事件；

（2）组织项目级 HSE 事件调查、原因分析、整改措施制定及经验反馈；

（3）配合发包人 HSE 事件调查，提供必需支持；

（4）确保项目 HSE 事件报告及调查客观、严肃及透明。

24.4.6　海上风电项目部 HSE 部门

（1）按时限要求及时、如实向项目经理、海上风电安质办等报告 HSE 事件；

（2）协助项目经理开展 HSE 事件调查及原因分析，跟踪整改措施的制定和落实；

（3）指导项目各部门执行本规定，开展相关培训；

（4）配合、协助发包人员 HSE 事件调查。

24.4.7　海上风电项目部业务管理部门

（1）按时限要求及时、如实向项目经理、项目 HSE 组报告 HSE 事件；

（2）根据安排，牵头组织或协助项目 HSE 事件调查，提供技术支持；

（3）组织制定、落实 HSE 事件整改措施，开展并确保经验反馈有效。

24.4.8　员工

（1）熟悉本规定要求，严格执行 HSE 事件报告要求及流程；

（2）积极配合 HSE 事件调查，提供必需支持；

（3）不迟报、谎报、瞒报 HSE 事件；

（4）监督、举报违反事件报告及调查规定的行为。

24.5　角 色 分 工

角色分工见表 24-1。

表 24-1　　　　　　　　　　角 色 分 工

项目	角 色 分 工
发包人	修订《海上风电项目 HSE 事件报告及调查制度》，明确发包人 HSE 事件报告及调查相关要求
各海上风电项目部	监督各承包人是否落实事件报告制度，反馈过程中存在的问题及提出改进建议
承包人	建立健全本单位 HSE 事件报告制度，严格履行 HSE 事件报告及调查相关职责

24.6　事 件 分 类

所有在发包人管辖区域内发生的，或发包人员工因工作原因在其他场所发生的事件均应纳入 HSE 事故/事件管理，HSE 事件分为以下 6 个类别：

（1）职业健康：指在从事职业活动中因接触有毒有害因素造成，或可能造成人员身体健康损害的事件和影响公众身体健康的公共卫生事件。主要包括：

1）尘肺病：是由于在职业活动中长期吸入生产性粉尘（灰尘），并在肺内潴留而引起的以肺组织弥漫性纤维化（瘢痕）为主的全身性疾病。

2）职业性中毒：是指在生产活动中接触、吸入有毒有害物质所引起的中毒及中毒症状。

3）中暑：长时间暴露在高温环境中或在炎热环境中工作导致人体体温调节机能紊乱的事件。

4）食物中毒：指员工所进食物被细菌或细菌毒素污染或食物含有毒素而引起的急性中毒性疾病，医院诊断为食物引发病症。

5）公共卫生：主要指已造成或可能造成群体健康损害的传染病疫情（结核、霍乱、SARS 等）、群体性不明原因疾病等（三人及以上同时发病）。

6）其他：指员工在职业活动中，因接触放射性物质和其他有毒、有害因素而引起的疾病，主要有噪声聋、职业性皮肤病、职业性眼病和其他职业病。

（2）工业安全：在工作过程中因人员的不安全行为、不符合安全作业条件或工具设备有安全缺陷而发生的，造成或可能造成人身伤亡或者财产损失的事件，包括高处坠落、物体打击、消防、道路交通、机械事件、起重事件、用电事件、调试事件、淹溺、泄漏、跌绊、坍塌、爆破事件、灼烫、中毒窒息（非饮食中毒）、其他等。（工业安全事件分类定义见 O.2）

（3）治安保卫：指扰乱公共秩序，妨害公共安全，干预或影响工程项目正常施工秩序，侵犯人身权利、财产权利，具有社会危害性的突发性事件，包括盗窃抢夺，打架斗殴、阻工、安保设施破坏等影响施工秩序的突发事件。

（4）环境污染：指由于违反环境保护法规的经济、社会活动与行为，以及意外因素的影响或不可抗拒的自然灾害等原因使环境受到污染，国家重点保护的野生动植物、自然保护区受到破坏，人体健康受到危害，财产受到损失，造成不良社会影响的事件。包括水污染、大气污染、噪声与振动、固体废物污染、放射线污染（放射源丢失、放射源失控）等。

（5）自然灾害：指由自然事件或力量为主因造成的人身伤亡或财产损失的事件，主要包括水旱灾害、气象灾害、地震灾害、地质灾害、海洋灾害、生物灾害和森林草原火灾等，核电范围主要是气象灾害，如雷电、暴雨/雪/冰雹、大风、台风、滑坡等。

（6）其他事件：主要包括工余事件、场外事件和其他不属于以上范畴的（如蛇咬伤、蜂蜇伤等）任何被认为影响安全的行为或状态。

24.7 事 件 报 送

发包人任何部门的员工和合作单位都有权利和义务报告 HSE 事件。

根据 HSE 事件分类标准，对于未遂及以上的 HSE 事件需要填写"HSE 事件通告单"

（以下简称事件单），见表 N-1。

24.7.1 事件报送方式

根据 HSE 事件造成后果的严重程度（事件分级定义清单见表 N-3），部分重点事件报送时限要求分为以下四类：

（1）1 小时内。

（2）2 小时内。

（3）8 小时内。

（4）24 小时内。

HSE 事件相关单位、部门须逐级上报事件情况，每级上报的时间不得超过 1 小时。8 小时内报告的事件见表 24-2。

表 24-2   8 小时内报告的事件

HSE 事件类别	事件分级	报送时间要求	报告方式	报告对象
职业健康	食物中毒事故	1 小时内	电话	应急值班安全助理
	食物中毒事件	2 小时内	电话	应急值班安全助理
	公共卫生事件	2 小时内	电话	应急值班安全助理
	辐射防护事件	2 小时内	电话	应急值班安全助理
工业安全	死亡	1 小时内	电话	应急值班安全助理
	重伤	2 小时内	电话	应急值班安全助理
	医学处置及轻伤	8 小时内	电话	应急值班安全助理
	交通事故（死亡、重伤）	1 小时内	电话	应急值班安全助理
	消防事故	1 小时内	电话	应急值班安全助理
	消防事件	2 小时内	电话	应急值班安全助理
治安保卫	治安保卫事故	1 小时内	电话	应急值班安全助理
	治安保卫事件	2 小时内	电话	应急值班安全助理
环境污染	环境污染事件	1 小时内	电话	应急值班安全助理
	环境污染处罚事件	2 小时内	电话	应急值班安全助理
	放射源丢失事件	1 小时内	电话	应急值班安全助理
自然灾害	自然灾害事故	1 小时内	电话	应急值班安全助理
	自然灾害事件	2 小时内	电话	应急值班安全助理
财产损失	特大、重大财产损失	1 小时内	电话	应急值班安全助理
	较大财产损失	2 小时内	电话	应急值班安全助理

1．事发 1 小时内报告

发生人员死亡及以上人身安全事故、消防事故、治安保卫事故、食物中毒事故、一般及以上环境污染事件、自然灾害事故、重特大财产损失事故，要求在事故发生后 1 小时内通过事故报警电话报告给发包人各项目应急值班安全助理，直至后台应急值班安全助理。

发生在各辖区内的较大及以上突发事件，根据当地法律规章要求进行报送。

报告内容包括事故发生时间、地点、单位、伤亡人数、事故简要经过、事故原因初步判断和事故控制情况等，并在 24 小时内将事件单书面上报发包人，后续定时报告事故阶段性进展，直至事故处置结束。

事故报告后出现新情况的，应当及时补报。自事故发生之日起 30 日内，事故造成的伤亡人数发生变化的，应当及时补报。道路交通事故、火灾事故自发生之日起 7 日内，事故造成的伤亡人数发生变化的，应当及时补报。

2．事发 2 小时内报告

发包人管辖范围内发生重伤、群伤、消防事件、治安保卫事件、食物中毒事件、较大财产损失、环境污染处罚事件、自然灾害事件，要求在事故发生后 2 小时内通过事故报警电话口头报告给发包人各项目应急值班安全助理，直至后台应急值班安全助理。

报告内容包括事故发生时间、地点、单位、受伤人数、事故简要经过、事故原因初步判断和事故控制情况等，在 24 小时内将事件单正式上报发包人，后续定时报告事故阶段性进展，直至事故处置结束。

3．事发 8 小时内报告

发包人管辖范围内发生医学处置以上重伤以下人员伤害的 HSE 事件，需在事件发生后 8 小时内通过事故报警电话口头报告给发包人各项目应急值班安全助理，直至后台应急值班安全助理，并在事件发生后 24 小时内通过事件单正式上报发包人。

4．事发 24 小时内报告

发包人管辖范围内发生的医学处置以下人员伤害、轻微财产损失等的 HSE 事件，需在事件发生后 24 小时内通过事件单正式在发包人范围内进行分发通报。

5．事件后续报告

事故事件发生后，如有新的情况发生，如人员伤亡人数变化、事件等级变化、受伤人员诊断结果变化、财产损失变化等，应根据事件分级报送时限要求及时向相关部门报告事件进展，直至事件处置结束；并在"职业健康安全管理系统"内对事件等级、财产损失等相关信息进行登记变更。

24.7.2　事件单填报

事件单要求须在 24 小时内在"职业健康安全管理系统"完成编审批发布工作，事件单编审批流程如下：

（1）事发单位为承包人，由事发区域安全负责人填写事件单，承包人安全部门负责人审核事件单，承包人项目经理批准事件单，并报送给发包人各项目 HSE 组。

（2）事发单位为发包人自身部门，由事发部门安全协调员或安全工程师填写事件单，所在部门负责人审核事件单，发包人负责人批准事件单。

（3）对于公共区域及无责任单位的事件，由发包人或各项目 HSE 工程师填写事件单，HSE 主管工程师审核事件单，安健环管理部门负责人批准事件单。

（4）在填报事件单时描述应客观准确，避免事件描述不清、关键信息缺失或与事实不符、未判断事件初步原因或初步原因明显偏离、对事件后果避重就轻等情况，并应将事件现场照片作为附件一并上传。

24.7.3 报送范围

通过批准后的《事件通告单》由 IMS 系统进行自动分发，分发范围包括但不限于：公司 HSE 管理团队、事件发生所在项目部、公司总经理部、股份公司应急值班人员及安全负责人、集团应急值班人员及安全负责人等。同时，纸质《事件通知单》通过 outlook 等方式抄送项目业主公司。

人员发生重伤、死亡、群伤以及火灾等 HSE 事故时应同时抄报公司总经理办公室、应急值班行政助理，并抄报集团办公厅。

事件发生后，由相关 HSE 人员在 48 小时内将事件信息情况录入集团安全生产责任制信息系统。

严禁迟报、谎报和瞒报 HSE 事故。

24.8 事 件 调 查

24.8.1 事件调查原则

事件调查实事求是，及时、客观、准确地收集事故信息，开展原因分析，查明事故性质和责任，总结教训，提出整改措施，并对相关责任人提出处理意见。

24.8.2 事件调查组

HSE 事件发生后，对于需开展公司级事件调查的由公司安健环部门牵头成立事件调查小组，工会有权参与公司级 HSE 事件调查；对于项目/中心级事件调查由项目部/业务中心牵头成立事件调查小组，查明事故过程及原因，总结教训，提出整改措施。

调查人员应熟悉相应生产业务内容，具备事件调查所需要的相关知识和经验，并经事件调查技术专项培训和考核通过。事件调查组人员可包括中高层管理者、一线主管、工会成员及员工，通常应与所调查事件无直接利害关系。

24.8.3 事件调查方法

事件发生后，根据以下原则判断启动调查级别，或不需开展调查。

（1）在发包人 HSE 管理责任范围出现以下情形之一，发包人将启动公司级调查工作：

1）发生重伤及以上事故。

2）直接经济损失 100 万元（含）以上的消防事件、事故。

3）直接经济损失 100 万元（含）以上的设备损坏。

4）一次受伤 3 人及以上（轻伤、重伤合计）事故。

5）5 人（含）以上集体食物中毒事故。

6）发生环境保护行政管理部门处罚的环境污染事件。

7）安全事故或环境污染事故发生后存在迟报、谎报、瞒报情况。

8）造成较大不良影响的其他 HSE 事件或行为。

9）股份公司、公司要求开展的其他事件调查。

（2）在发包人 HSE 管理责任范围出现以下情形之一，应启动部门级调查工作：

1）发生一次受伤 1～2 人的轻伤事故。

2）直接经济损失 50 万元（含）以上的消防事件。

3）直接经济损失 50 万元（含）以上的设备损坏。

4）直接经济损失 20 万元（含）以上的交通事故。

5）5 人以下集体食物中毒事故。

6）重大未遂事件。

7）发包人认为需启动正式调查的其他事件或行为。

8）公司要求开展的 HSE 事件调查。

（3）生产安全事故的调查，遵循如下规定：

1）事故发生后，事故责任单位应当立即启动事故应急程序，迅速救护伤员，及时报告相关单位，并派专人严格保护事故现场；未经调查和记录的事故现场，不得任意变动。

2）事故发生后，发生事故的单位应当立即对事故现场、受伤人员和损坏的设备进行照相、录像、绘制草图。

3）事故发生后，发生事故的单位应当立即组织有关人员收集事故经过、现场情况、财产损失等原始材料。

4）发生事故的单位应当及时向事故调查组提供完整的相关资料。

5）事故单位负责人和相关人员在事故调查期间不得擅离职守，并应当随时接受事故调查组的询问，如实提供有关情况。

6）事故调查组有权向发生事故的单位、有关人员了解事故情况并索取有关资料，任何单位和个人不得拒绝。

7）事故调查组在事故调查报告中应当明确事故原因、性质、责任、防范措施和处理意见。

8）根据事故调查组对事故的处理意见，相关成员单位应当按照管理权限对发生事故的单位、责任人员进行处理。

发包人事件调查报告模板见 O.4。

24.8.4　调查时限

对于群伤、重伤及以上的生产安全事件或公司指定要求调查反馈的事件，调查组应在规定的期限内向发包人提交内部事件调查报告，同时抄报相应业主公司（若有），原则上距事件发生之日起不超 45 天。

24.8.5　调查报告

（1）对于部门级事件调查由海上风电安健环管理部门牵头，事件相关部门配合，报告应制定有针对性的整改措施，并考虑执行措施后可能产生的新危险源或职业健康安全风险，必要时采取补充措施；

（2）报告应还对相关责任人、责任单位给出处理建议，调查报告由发包人安全总监签发；对于海上风电各项目级事件调查报告经海上风电安健环管理部门审核同意后，由海上风电各项目经理签发。

24.9　事件处理与问责

事件处理遵循"权责统一、分级对待，实事求是和追究责任与改进工作相结合，教育与惩处相结合"的原则。

发生事故单位应当按照批准生效的事故调查报告，对本单位负有事故责任的人员进行处理。具体考核办法参照发包人《安健环问责流程》执行。对于违反"安全十大禁令"的行为，按照发包人《安全质量行为准则及违规处理规定》执行。

如 HSE 事故事件或违规行为，符合《员工违规违纪处理规定》的情形，由发包人纪检监察部门根据相关规定和流程另行处理。

24.10　事件经验反馈

事件发生单位应当认真吸取事件教训，落实防范和整改措施，防止事件再次发生。事件报告发布后，应一周内录入"职业健康安全管理"系统，并按照发包人《经验反馈管理规定》相关要求发起内部经验反馈流程。

24.11　记　　录

记录包括事件单、事件调查记录、事件报告等。

24.12　附　　录

（1）O.1 重大未遂事件分类准则。
（2）O.2 工业安全事件分类名称定义。
（3）O.3 HSE 事件分级清单。
（4）O.4 事件调查报告模板。

25

应急预案编制模板

（1）P.1 综合应急预案模板。

（2）P.2 专项应急预案模板。

（3）P.3 现场处置方案模板。

应急管控规定

26.1 目　　的

指导、规范海上风电工程应急管控工作。

26.2 适用范围

适用于发包人所属海上风电项目应急管控工作。

26.3 职　　责

26.3.1　发包人
编制、修订本规定。

26.3.2　各海上风电项目部
执行本规定，并反馈本规定执行过程中存在的问题。

26.3.3　承包人
参照本规定要求，规范现场应急管控工作。

26.4 角色分工

角色分工见表 26-1。

表 26-1　　　　　　　　　　　角 色 分 工

项目	角 色 分 工
发包人	（1）编制应急管控指引。 （2）成立应急指挥中心。 （3）制定应急预案标准清单。 （4）制定应急物资标准清单。 （5）制定标准应急预案示例

项目	角色分工
各海上风电项目部	（1）成立项目应急指挥部。 （2）开展项目应急需求分析。 （3）编制《综合应急预案》和《三防应急预案》。 （4）组织或参与应急演练工作
承包人	（1）成立应急指挥部。 （2）开展项目应急需求分析。 （3）编制应急预案。 （4）配置应急物资和建立定期检查制度。 （5）开展应急培训和应急演练

26.5　应急方针与原则

（1）应急管理体系的建设方针是"统一领导、综合协调、分类管理、分级负责、属地为主、单位自救与社会救援相结合"。

（2）应对突发事件的工作原则是"预防为主、预防与应急相结合"。

（3）应急处置的原则是"以人为本、生命优先"。

26.6　应急范围

海上风电突发事件应急包括但不限于以下范围：

（1）职业安全事故：如高处坠落、火灾事故、触电事故、交通事故、淹溺事故等。

（2）职业健康事故：如传染病、食物中毒等。

（3）环境污染事故：含陆上环境污染、海洋环境污染等。

（4）自然灾害事故：如台风、暴雨、雷暴等，以及自然灾害导致的次生事故。

（5）治安保卫事故：如群体性事件、阻工、打架斗殴等。

26.7　应急组织与职责

应急响应组织分为两级：公司级、项目级。

1．公司级

（1）应急指挥。

（2）工程技术组。

（3）后勤保障组。

（4）善后处理组。

（5）事故调查组。

2．项目级

各海上风电项目部建立本项目应急响应组织。

（1）应急指挥（项目部经理，周末由当班应急指挥担任）。

（2）工程抢险组（业务管理部门）。

（3）后勤保障组（业务管理部门）。

（4）应急办公室（安健环管理部门）。

26.8 应 急 准 备

26.8.1 应急需求分析

1．通用要求

各海上风电项目部以项目为周期对业务活动开展 HSE 风险评估，识别潜在突发事件或事故，分析、评估事故风险及可能场景，提前策划、准备、部署相关应急资源，如应急人员、应急响应设备等。

应急需求分析应根据下列情况进行复核：

（1）重大事故。

（2）重大工程建设变更。

（3）应急演练或事故应急反馈。

（4）重大外部环境变化。

2．标准要求

根据海上风电工程 HSE 风险评估报告，潜在事件见表 26-2。

表 26-2 潜 在 事 件

序号	作业形式	潜在事件	应用场景
一、海上作业			
1	恶劣天气（台风、暴雨、雷暴）、恶劣海况	（1）人员伤亡。 （2）财产损失。 （3）海洋环境污染	（1）船舶未及时撤离发生突发事件。 （2）船舶防抗方式不当从而发生突发事件（强风致船舶作业过程中走锚、锚地避台时走锚）。 （3）不符合要求船舶入场施工
2	船舶航行、定位、作业、靠泊	（1）碰撞。 （2）搁浅。 （3）触礁。 （4）触碰。 （5）火灾爆炸。 （6）自沉。 （7）操作性污染	（1）操作不当（无资格人员操作、违反操作规程操作）。 （2）非法改装

序号	作业形式	潜在事件	应用场景
3	自升式平台插拔桩	（1）穿刺。 （2）折弯。 （3）滑移。 （4）裂纹	（1）插拔桩系统操作不当。 （2）地质差异。 （3）遇到穿刺风险防范措施采取不当
4	起重吊装	（1）起重伤害。 （2）起重设备损坏	（1）起重设备带病作业。 （2）起重指挥不当、起重司索不当、起重机操作不当
5	潜水作业	（1）淹溺。 （2）窒息。 （3）职业病	（1）潜水操作不当。 （2）未按照规定减压
6	风电机组基础施工、风电机组吊装、海缆敷设、潜水作业等	传染病	携带传染病人员入场并传播
7	风电机组基础施工、风电机组吊装、海缆敷设、潜水作业等	（1）高处坠落。 （2）物体打击。 （3）机械伤害。 （4）人员伤害等	（1）人的不安全行为。 （2）物的不安全状态。 （3）管理不当
二、陆上作业			
1	台风、暴雨、雷暴等自然灾害	（1）人员伤亡。 （2）财产损失。 （3）环境污染	（1）未撤离到指定的安全地点。 （2）设备、物资等未做好防台风固定。 （3）私自处置危险废物或危险化学品
2	脚手架和梯子、起重作业、动火作业、车辆运输、临时用电、受限空间、桩基施工、土石方工程、混凝土工程、安装工程、调试安全等	高处坠落、物体打击、机械伤害、起重伤害、车辆伤害、触电、淹溺、坍塌、火灾、爆破、爆炸、中毒窒息、安全保卫、职业病、食物中毒、公共卫生、环境污染	（1）人的不安全行为。 （2）物的不安全状态。 （3）管理不当

26.8.2 应急预案

根据应急需求分析，各海上风电项目部应编制或升版相关应急预案或专项处置方案，组织开展针对应急预案的培训及演练，通过对演练总结和有效性评估，持续完善预案。

海上风电工程应急预案类别需要至少包含如表 26-3 所示预案。

表 26-3 应急预案类别清单

序号	应 急 预 案			输出	
				海上风电项目部	承包人
一、海上作业应急预案清单					
1	三防专项应急预案	防台风、防暴雨、防雷暴	以业主为主,承接落实业主要求,管控承包人三防应急	三防专项应急预案	三防专项应急预案
2	船舶应急预案体系	碰撞、搁浅、触礁、触碰、火灾爆炸、自沉、操作性污染、弃船、人员落水等	以船舶应急预案为主,上船人员执行船舶应急要求,以应急处置单形式落实"船岸衔接"要求	综合应急预案	船舶应急预案体系: (1)弃船。 (2)人员撤离。 (3)人员落水。 (4)油污处理。 (5)船舶异常
3	自升式平台插拔桩突发事件应急预案	桩腿穿刺、折弯、滑移	以承包人应急预案为主,上船人员执行船舶应急要求,以应急处置单形式落实"船岸衔接"要求	综合应急预案	自升式平台插拔桩突发事件应急预案
4	起重设备损坏专项应急预案	起重伤害、起重设备损坏	以承包人应急预案为主,上船人员执行船舶应急要求,以应急处置单形式落实"船岸衔接"要求	综合应急预案	起重设备损坏专项应急预案
5	潜水作业突发事件应急预案	淹溺	以承包人应急预案为主,以应急处置单形式落实"船岸衔接"要求	综合应急预案	潜水作业突发事件应急预案
6	传染病应急预案	传染病	以海风项目部应急预案为主,承包人承接管控要求,编制传染病应急预案	传染病应急预案	传染病应急预案
7	食物中毒应急预案	食物中毒	以承包人应急预案为主,以应急处置单形式落实"船案衔接"要求	综合应急预案	食物中毒应急预案
8	治安保卫事件应急预案	(1)治安事件。 (2)阻工事件	以承包人应急预案为主,以应急处置单形式落实"船案衔接"要求	综合应急预案	治安保卫事件应急预案
9	综合应急预案	人员伤害、高处坠落、物体打击等	海上风电项目部综合应急预案衔接承包人综合应急预案	综合应急预案	综合应急预案

序号	应　急　预　案			输出	
				海上风电项目部	承包人
二、陆上作业应急预案清单					
1	突发事件综合应急预案	人员伤亡、治安保卫、公共卫生、消防、交通伤害、食物中毒等	海上风电项目部综合应急预案衔接承包人综合应急预案	综合应急预案	综合应急预案
2	三防专项应急预案	防台风、防暴雨、防雷暴	以业主为主，承接落实业主要求，管控承包人三防应急	三防专项应急预案	三防专项应急预案

26.8.3　应急保障

1．通信保障

各海上风电项目部负责建立健全应急通信保障体系，充分利用公用通信网络、甚高频对讲机、卫星电话等多种通信形式，确保突发事件应对工作的通信畅通。

2．应急队伍保障

海上风电项目部应急响应组织应加强与业主公司、所在地政府和相关方的应急救援联动，有针对性地组织开展联合应急演练，提高共同应对突发事件的能力和水平。

3．应急物资保障

（1）根据本项目应急需求分析涉及的应急队伍建设、应急物资、应急培训和演练等需要，在年度预算中申报相应资金需求计划。

（2）加强综合保障能力建设，加强应急物资的储备，满足突发事件处置需求，同时积极了解和掌握部门所在地周边应急资源情况，通过互助协议等形式满足应急资源需求。

（3）各项目应建立应急交通保障制度，确保紧急情况下应急值班助理/应急人员第一时间能够赶赴现场开展应急救援。

（4）根据需要积极利用应对突发事件预防、监测、预警、应急处置与救援的新技术、新设备和新工具，定期检测、维护报警装置和应急救援设备、设施，使其处于良好状态，确保正常使用。

应急预案清单见表26-4。

表26-4　　　　　　　　　　应　急　预　案　清　单

序号	应　急　预　案	应　急　物　资
一、海上作业应急预案清单		
1	通用要求： （1）签订直升机救援协议。	

序号	应 急 预 案		应 急 物 资
1	（2）签订医疗服务协议。 （3）急救箱。 （4）符合海事要求的船舶救生设备。 （5）应急通信设备（甚高频对讲设备、海事卫星电话等）。 （6）担架（带有身体固定装置及可吊运）。 （7）防疫物资。 （8）AED（自动体外除颤仪）（主要作业船舶配置）		
2	三防专项应急预案	防台风、防暴雨、防雷暴	拖轮及拖带装备、应急车辆
3	船舶应急预案体系	碰撞、搁浅、触礁、触碰、火灾爆炸、自沉、操作性污染、弃船、人员落水等	应急守护船、应急车辆
4	自升式平台插拔桩突发事件应急预案	桩腿穿刺、折弯、滑移	应急守护船、应急车辆
5	起重设备损坏专项应急预案	起重伤害、起重设备损坏	应急守护船、应急车辆
6	潜水作业突发事件应急预案	淹溺	（1）预备潜水员。 （2）应急气瓶。 （3）紧急救助联络表（潜水从业单位作业主管、安全主管、业主单位主管、海上救助单位、最近的医院、最近的具备减压舱的单位以及随时可以咨询的潜水医师）。 （4）急救药品、器材、急救手册和存量清单
7	传染病应急预案	传染病	应急船舶
8	食物中毒应急预案	食物中毒	应急船舶
9	治安保卫事件应急预案	（1）治安事件。 （2）阻工事件	应急船舶
10	综合应急预案	人员伤害、高处坠落、物体打击等	应急船舶
二、陆上作业应急预案清单			
1	突发事件综合应急预案	人员伤亡、治安保卫、公共卫生、消防、交通伤害、食物中毒等	（1）医疗资源：急救箱、担架。 （2）应急交通：应急车辆
2	三防专项应急预案	防台风、防暴雨、防雷暴	应急车辆、三防固定物资

26.9　应　急　响　应

突发事件发生后，各级应急值班组织应立即启动现场处置方案或专项应急预案，针对事件性质、特点和危害程度，组织有关力量，采取应急处置措施。

26.9.1　应急启动及报告

发生突发事件时，应急值班安全助理接到报警信息后，应根据事件情况初步判断是否需立即启动相关应急预案。若经判断达到启动应急预案条件时，应立即报应急值班总指挥判定并发布启动应急预案指令。同时，应尽早赶赴现场了解、确认事故信息。

26.9.2　响应分级

根据实际情况及运作经验，公司管辖范围内应急响应分为两级：

1．项目级

事件发生后，由事故的直接责任单位优先启动本单位的事故应急组织，报告项目现场指挥和安全助理，根据事态严重情况由项目现场指挥启动事故应急预案，然后由项目安全人员报告发包人安健环管理部门。

启动项目级应急响应后，由项目负责人或其授权人担任应急总指挥，指挥突发事件应急处置，调动项目内部资源进行事件救援。

2．公司级

接到项目事件报告信息后，根据以下原则启动应急响应，包括但不限于：

（1）导致 1 人及以上的人身死亡事故。

（2）发生影响较大的海上交通安全事故（船舶火灾、沉没）。

（3）自升式平台插拔桩突发事故。

（4）直接财产损失超过 100 万的火灾事故。

（5）集体食物中毒 5 人以上，且导致人员死亡或重伤的事故。

（6）一般及以上环境污染事故。

（7）造成较大人员伤亡的群体性事件。

（8）业主公司关注的 HSE 事件。

（9）其他经公司认定的事件。

应急响应启动后，由总经理或其授权人担任应急总指挥，指挥突发事件应急处置；应急总指挥在事故现场进行事故应急指挥，协调内外部资源进行事件救援。

26.9.3　应急响应流程

承包人向各海上风电项目应急指挥部报告，各海上风电项目应急指挥部向发包人应急指挥中心报告，发包人应急联络员向公司应急安全助理报告。应急响应流程图见图 26-1。

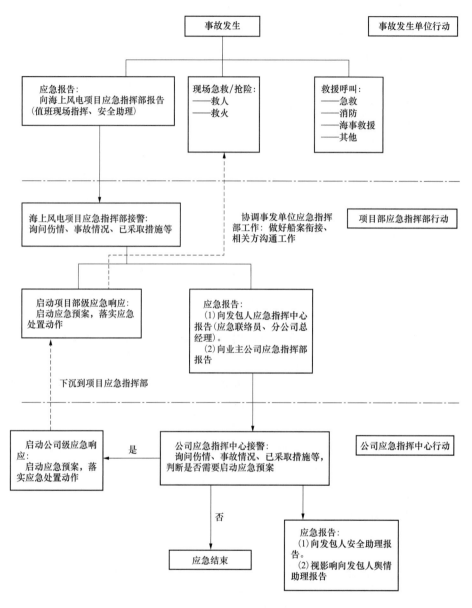

图 26-1　应急响应流程图

26.10　应急预案管理

26.10.1　总体要求

（1）项目部在编制应急预案时应基于应急需求分析，对管辖范围内潜在突发事件风险及应急场景进行识别、分析和评估，并据此进行应急准备，涉及应急指挥组织及人员、应急物资、应急培训与演练，应急联络和外部应急支援等。

（2）应急预案应由经验丰富的编制小组完成，预案首次编制完成后，编制项目应按应急预案管理的有关规定，组织对本项目编制的应急预案进行评审或认定，并形成书面评审记录；各项目经批准生效的应急预案须报分公司安质办备案。

（3）各项目应每年评审应急预案，分析存在的问题，提升预案的针对性和有效性。评审时应重点考虑如下因素，但不限于：

1）应急需求发生变化。

2）应急演练总结反馈。

3）评审周期内实际事件反馈。

4）组织及关键角色发生变更。

（4）海上作业应急预案应具有统一性、全面性、衔接性、可执行性。因此，发包人编制应急响应单示例。

26.10.2　应急培训

（1）应急预案的内容应与应急有关人员进行有效沟通，相关沟通和培训应保留记录。

（2）船舶按照海事法规要求组织实战演练，涉及在船施工人员的，必须将在船施工人员涵盖在内，共同进行实战演练。

（3）承包人应当为所有在船人员（除船员外）制作应急处置卡，并张贴在宿舍床头，或者制作成卡片随身携带。

（4）针对"重要首次"施工（风电机组吊装、基础施工、潜水作业），各海上风电项目部应在施工前组织对应的应急演练，以检验有效性。

（5）各海上风电项目部应重点组织弃船演练、人身伤害演练、三防应急演练，并评价其有效性。

26.10.3　应急预案修订

通常每年度应对应急预案进行一次审阅，审阅时应考虑如下情形：

（1）依据的法律法规、规章、标准及上级预案中发生的重大变化。

（2）应急指挥组织及关键角色发生调整。

（3）应急演练总结反馈。

（4）评审周期内实际事件应急。

26.11　奖　　惩

发包人安健环管理部门每年对应急管理工作进行检查和评估，督促相关项目部落实应急管理有关要求。履职情况列为安全责任履职督察检查项，执行履责评价制度。

27

安全业绩考核与持续改进

27.1 安全业绩考核

（1）承包人海上风电项目部现场组织根据合同、《违约处理规定》以及《安全生产责任书》所确定的安全目标对承包人的安全业绩进行考核。

（2）根据新法规和政府执法机构的要求以及现场情况的变化，必要时发包人和承包人通过签订《安全生产管理协议》或《安全生产责任书》增加或调整安全目标，发包人则根据相应协议增加或调整对承包人安全业绩的考核内容。

（3）合同支付考核。承包人执行合同安全条款的情况作为合同执行过程中每次支付的必要检查条件，海上风电项目部业务管理部门和HSE部门负责每次合同款支付前申请支付单位的当期安全业绩的考核，考核不合格的，可延迟支付。

（4）日常考核。海上风电项目部现场组织对承包人的安全业绩进行日常考核。

海上风电现场对违规作业人员实施黑名单制度，一经发现符合表27-1"黑名单"的违规行为的人员，由海上风电项目部正式发函给承包人，要求承包人限期将违规作业人员清除出施工现场，后续永远不能进入发包人管辖范围下的施工现场。

表 27-1   "黑名单"的违章行为

序号	符合"黑名单"的违规行为
1	海上风电项目部现场工程师对现场违规行为纠正时，违规人员不听劝阻，存在威胁、攻击行为的，一经发现，立即清退
2	特种作业人员未经专门的特殊安全培训无证上岗作业的
3	高处作业人员未系挂安全带的
4	高空作业故意向下抛掷物体的
5	需许可的作业，作业负责人主观上故意没有办理作业许可即开始作业
6	受限空间作业未进行测氧即开始作业的
7	起重指挥违反"十不吊"要求进行吊装的
8	向海洋抛弃生活或生产垃圾的
9	其他违规作业行为由各海上风电项目结合现场实际情况制定

（5）合同结束考核。合同结束时，发包人海上风电项目部业务管理部门和 HSE 部门会同合同管理部门对承包人合同安全条款的执行情况进行综合评价。

27.2　持　续　改　进

被检查单位应根据检查组发出的检查报告制定改进措施并实施，检查组对检查发现问题的纠正情况在约定的时间内进行跟踪，保证检查发现的问题全部按照纠正行动要求进行改进。

附录 A 风险分级管控和隐患排查治理制度相关表单

表 A-1   HSE 危害特征参照表

危害特征	说　　明
1. 人的因素	
1.1 心理、生理性危险和有害因素	负荷超限、健康状况异常、从事禁忌作业、心理异常、辨识功能缺陷，以及其他心理、生理性危险和有害因素
1.2 行为性危险和有害因素	指挥错误、操作错误、监护失误，以及其他行为性危险和有害因素
2. 物的因素	
2.1 物理性危险和有害因素	设备/设施/工具/附件缺陷、防护缺陷、电伤害、噪声、振动危害、电离敷设、非电离敷设、运动物伤害、明火、高温物质、低温物质、信号缺陷、标志缺陷、有害光照，以及其他物理性危险和有害因素
2.2 化学性危险和有害因素	爆炸品、压缩性气体和液压气体、易燃液体、易燃固体、自燃物品和遇湿易燃物品、氧化剂和有机过氧化物、有毒品、腐蚀品、粉尘与气溶胶，以及其他化学性危险和有害因素
2.3 生物性危险和有害因素	致病微生物、传染病媒介物、致害动物、致害植物，以及其他生物性危险和有害因素
3. 环境因素	
3.1 室内作业场所环境不良	室内地面滑，室内作业场所狭窄，室内作业场所杂乱，室内地面不平，室内梯架缺陷，地面、墙和天花板上的开口缺陷，房屋基础下沉，室内安全通道缺陷，房屋安全出口缺陷，采光照明不良，作业场所空气不良，室内温度、湿度、气压不适，室内给/排水不良，室内涌水，以及其他室内作业场所环境不良
3.2 室外作业场地环境不良	恶劣气候与环境，作业场地和交通设施湿滑，作业场地狭窄，作业场地杂乱，作业场地不平，脚手架/阶梯和活动梯架缺陷，地面开口缺陷，建筑物和其他结构缺陷，门和围栏缺陷，作业场地基础下沉，作业场地安全通道缺陷，作业场地安全出口缺陷，作业场地光照不良，作业场地空气不良，作业场地温度、湿度、气压不适，以及作业场地用水、其他室外作业场地环境不良
3.3 海上作业环境不良	不适于作业的风、浪、涌，船舶甲板和船舷湿滑、作业船舶甲板布置杂乱、作业场地缺少护栏、水下作业供氧不当，以及其他海上作业环境不良
3.4 其他作业环境不良	强迫体位、综合性作业环境不良，以上未包括的其他作业环境不良
4. 管理因素	
4.1 安全组织机构不健全	

续表

危害特征	说　　明
4.2 安全管理责任制不落实	
4.3 安全管理制度、程序不完善	建设项目"三同时"制度未落实、操作规程不规范、事故应急预案及响应缺陷、培训制度不完善，以及其他职业安全卫生管理规章制度不健全
4.4 安全投入不足	
4.5 安全培训不足	
4.6 其他管理缺陷	

表 A-2　　　　　　　　　　HSE 事故类型参考表

编号	事故类别	特　　点
1	高处坠落	指在高处作业中发生坠落死亡，不包括触电坠落事故
2	物体打击	指物体在重力作用或其他外力作用下打击人体，造成人身伤亡事故，不包括机械设备、车辆、起重机械、坍塌等引发的物体打击
3	机械伤害	机械设备部件、工具、加工件直接与人体接触引起的夹击、碰撞、剪切、卷入、绞、碾、割、刺等伤害。不包括车辆、起重机械引起的机械伤害
4	起重伤害	各种起重作业（包括起重机安装、试验、维修）中发生的挤压、坠落（吊物、吊具）物体打击和触电
5	车辆伤害	机动车行驶过程中引起的人体坠落和物体倒塌、飞落、挤压伤亡事故。不包括起重设备提升、牵引车辆和车辆行驶时发生的事故
6	触电	包括雷击伤亡事故
7	淹溺	包括高处坠落导致的淹溺
8	坍塌	物体在外力或重力作用下，超过自身的强度极限或因结构稳定性破坏而造成的事故，如挖沟时的土石方、脚手架坍塌、堆置物倒塌。不适用起重机械和爆破引起的坍塌
9	灼烫	火焰烧伤、高温物体烫伤、化学灼伤（酸、碱、盐、有机物引起的内、外部灼伤）、物理灼伤（光、放射性物质引起的体内外灼伤），不包括电灼伤和火灾引起的灼伤
10	火灾	时间和空间上失去控制的燃烧所造成的灾害
11	辐射防护	主要指在辐射相关工作中，因人为过错或者设备缺陷造成或可能造成人员误照射的事件，包括超剂量照射，内照射，无资格人员从事放射性工作以及放射性装置有安全缺陷或使用中出现故障的事件
12	爆破	爆破作业中发生的伤亡事故
13	爆炸	包括化学性爆炸及物理性爆炸

编号	事故类别	特 点
14	中毒窒息	包括中毒、缺氧窒息、中毒性窒息
15	反恐安保	扰乱公共秩序,妨害公共安全,干预或影响工程项目正常施工秩序,侵犯人身权利、财产权利,具有社会危害性的突发性事件,包括盗窃/抢夺,打架斗殴、阻工、恐吓、可疑物以及安保设施破坏等影响施工秩序的突发事件
16	职业病	包括尘肺病、职业中毒、职业性皮肤病、职业性眼病、中暑等
17	食物中毒	指员工所进食物被细菌或细菌毒素污染或食物含有毒素而引起的急性中毒性疾病,医院诊断为食物引发病症
18	公共卫生	主要指已造成或可能造成群体健康损害的传染病疫情(结核、霍乱、SARS 等)、群体性不明原因疾病等(三人及以上同时发病)
19	环境污染	指由于违反环境保护法规的经济、社会活动与行为,以及意外因素的影响或不可抗拒的自然灾害等原因使环境受到污染。包括水污染、大气污染、噪声与振动危害、固体废物污染、放射性污染(放射源丢失,放射源失控等)及国家重点保护野生动植物与自然保护区破坏等
20	自然灾害	指由自然事件或力量为主因造成的人身伤亡或财产损失的事件,包括地震、雷电、暴雨/雪/冰雹、大风/龙卷风、热带风暴/台风、洪水/海啸、泥石流/滑坡、沙尘暴等自然现象造成的人身伤亡或财产损失事件
21	其他事件	包括工余事件、场外事件和其他不属于以上范畴的(如蛇咬伤、蜂蜇伤等)任何被认为影响安全的行为或状态
22	海上交通事故	
22.1	碰撞事故	两艘以上船舶之间发生碰撞造成损害的
22.2	搁浅事故	船舶搁置在浅滩上,造成停航或者损害
22.3	触礁事故	船舶触碰礁石,或者搁置在礁石上,造成损害
22.4	触碰事故	船舶触碰岸壁、码头、航标、桥墩、浮动设施、钻井平台等水上水下建筑物或者沉船、沉物、木桩、鱼栅等碍航物并造成损害
22.5	浪损事故	船舶因其他船舶兴波冲击而造成损害
22.6	火灾/爆炸事故	船舶因自然或者人为因素致使船舶失火或者爆炸造成损害,按火灾、爆炸事故统计
22.7	风灾事故	船舶遭受较强风暴袭击造成损失
22.8	自沉事故	船舶因超载、积载或者装载不当、操作不当、船体进水等原因或者不明原因造成船舶沉没、倾覆、全损
22.9	操作性污染事故	船舶因发生碰撞、搁浅、触礁、触碰、浪损、火灾、爆炸、风灾及自沉事故造成水域环境污染

表 A-3 海上风电分公司 HSE 危害辨识与风险评估清单（模板）

序号	活动描述		风险评估						控制措施
	作业活动/区域	主要施工步骤	风险辨识			风险评价			
			危害描述	危害特征	事故类别	可能性	严重程度	风险等级	

表 A-4 承包人 HSE 危害辨识与风险评估清单

序号	活动描述		风险评估						风险分级管控		
	作业活动/区域	主要施工步骤	风险辨识			风险评价			控制措施	管控责任人	监管责任人
			危害描述	危害特征	事故类别	可能性	严重程度	风险等级			

海上风电工程一站式安健环管控指引

表 A-5   矩 阵 式 检 查 表

××项目海上施工4月份安全矩阵检查表							
星期一	星期二	星期三	星期四	星期五	星期六	星期日	施工活动
		1日	2日	3日	4日	5日	
		郑/孙:消防	郑/孙:消防	郑/孙:消防			
6日	7日	8日	9日	10日	11日	12日	
周/王:起重吊装	周/王:起重吊装	周/王:起重吊装	周/王:起重吊装	周/王:起重吊装			
13日	14日	15日	16日	17日	18日	19日	
林/苏:船舶检查	林/苏:船舶检查	林/苏:船舶检查	林/苏:船舶检查	林/苏:船舶检查			
20日	21日	22日	23日	24日	25日	26日	
冯/陈:三防应急	冯/陈:三防应急	冯/陈:三防应急	冯/陈:三防应急	冯/陈:三防应急			
27日	28日	29日	30日				
钱/李:环境	钱/李:环境	钱/李:环境	钱/李:环境				

备注:①海上施工主要以落实作业指导书为主;②检查人员为业务管理部门中常驻现场人员;③检查项目分配时适当考虑各位同事的擅长专业,如起重专业的尽量分配起重作业安全检查,以促进问题深入排查;④夜间施工由加班人员或值班人员负责检查;⑤海上作业可按照一周一个主题的方式开展或者在月度范围内完成主题整治工作

编制(HSE主任):   审核(安全总监/项目副经理):   批准(项目经理):

表 A-6   专项隐患排查整改通知单

检查组成员:							
序号	隐患/缺陷图片	隐患/缺陷描述	改进措施	责任单位	责任人	整改期限	完成情况
1							
2							
3							

148

表 A-7 主题巡视整改记录单

××海上风电项目	主题巡视整改记录单	编号：DS-2020-001 ××海上风电项目					
主题巡视参加人员：							
主题巡视需解决的问题（概述）：							
序号	问题图片	问题描述	改进措施	责任单位	责任人	整改期限	完成情况

附录 B 工作危险分析表（JHA）

作业工序	工作步骤	危险源	控制方法/建议之安全作业程序	责任人员	监督人员
将工作分成若干工序，每一工序应包含主要工作任务	安全管理步骤涉及的工作	每项工作中可能导致的伤害或损失	制定消除和控制可能引起事故的危险的必要措施： （1）技术手段控制危险。 （2）行政手段。 （3）工作指导培训。 （4）文明施工。 （5）人机工程学。 （6）列出每个作业步骤中必需的或建议的个人防护用品		

附录 C 开工条件检查表

表 C-1   陆上作业承包人开工必要条件检查表

年 月，发包人对承包人进行开工必要条件评审				
检查人员				
项目	检查内容	检 查 标 准	检查情况	备注
一、资质报审	1.1 施工作业许可证	□ 企业资质等级证书合格、齐全 □ 取得施工作业许可证		
	1.2 安全生产许可证	□ 安全生产许可证在有效期内		
二、资源保障	2.1 安全投入	□ 已编制安全投入计划，类别清晰，计划明确，覆盖所有作业面，计划通过发包人审核		
	2.2 安全管理组织	□ 项目开工时安质环专职管理人员配置不少于合同要求 □ 安全专职管理人员配置不少于总人数 2%，有明确的人力动员计划 □ 安全专职管理人员持证上岗		
	2.3 项目管理组织	□ 按照投标文件主要管理人员到岗且资质、经历符合法规要求及投标文件要求		
三、人员管理	3.1 通用要求	□ 人员进场报审表 □ 防疫信息申报（疫苗接种凭证） □ 个人身体健康状况承诺书 □ 保险凭证 □ 人员进场承诺书		
	3.2 主要管理人员	□ 三级安全教育登记卡（公司级、项目级） □ 三级安全教育考核试卷（公司级、项目级） □ 县级及以上医院一年内体检报告 □ 劳动合同扫描件 □ 资质（三类人员证件、投标文件中主要管理人员应当具备的资质证件）		
四、程序、制度报审	4.1 HSE 程序制度	□ HSE 程序（含安全操作规程） □ 危险源辨识与评价报告 □ 环境因素识别清单 □ 法律法规识别及清单 □ HSE 实施计划		
	4.2 质量程序制度	□ 质量程序 □ 工程施工强制性条文执行计划表		

海上风电工程一站式安健环管控指引

项目	检查内容	检 查 标 准	检查情况	备注
四、程序、制度报审	4.3 环境程序制度	□ 环境影响评价评价报告和水土保持方案 □ 环境保护程序 □ 与第三方资质公司签订生活垃圾处理协议		
五、应急管理	5.1 应急预案	□ 突发事件综合应急预案 □ 防台专项应急预案 □ 火灾应急预案 □ 人员伤亡事故应急预案 □ 触电事故应急预案		
	5.2 应急物资	□ 建立应急物资清单（防火、防台/汛、急救药品），应急物资配置完成 □ 与医疗机构签订急救协议 □ 配备 AED（自动体外除颤仪）		
六、现场实施	6.1 区域管控	□ 施工临时建筑、设施和作业场所按区域划分并隔离，场地平整，无坍塌、飞石、山体滑坡和洪涝等自然灾害风险 □ 影响施工或设备运输安全的高低压架空线路、危险桥梁涵洞等风险已得到有效辨识并采取措施 □ 进场道路修建完成，坡度≤9%，满足车辆及人员通行		
	6.2 劳动防护	□ 劳动防护用品合格 □ 施工人员劳动防护用品穿戴齐全 □ 建立人员出入管控制度		
	6.3 设备材料	□ 特种设备与大型施工机械、车辆（搅拌机、挖掘机、压路机、装载机、铲车等）进场经委托建设管理单位审批 □ 小型施工器具建立管理台账，资料齐全（出厂合格证、年检或维护保养资料）		

表 C-2　　　　　海上作业承包人开工必要条件检查表

年　　月，发包人对承包人进行开工必要条件评审				
检查人员				
项目	检查内容	检 查 标 准	检查情况	备注
一、资质报审	1.1 水上水下施工作业许可证	主要作业船舶及配套船舶已办理水上水下施工作业许可证		
	1.2 安全生产许可证	安全生产许可证在有效期内		
	1.3 警戒船	签订警戒船协议		

项目	检查内容	检 查 标 准	检查情况	备注
二、资源保障	2.1 安全投入	已编制安全投入计划，类别清晰，计划明确，覆盖所有作业面，计划通过发包人审核		
	2.2 安全管理组织	□ 项目开工时安质环专职管理人员配置不少于合同要求并至少配备 2 人 □ 安全专职管理人员配置不少于总人数 2%，有明确的人力动员计划 □ 安全专职管理人员持证上岗		
	2.3 项目管理组织	□ 按照投标文件主要管理人员到岗且资质、经历符合法规要求及投标文件要求		
三、人员管理(其他人员参照首台要求执行)	3.1 通用要求	□ 人员进场报审表 □ 防疫信息申报（疫苗接种凭证） □ 个人身体健康状况承诺书 □ 保险凭证 □ 人员进场承诺书		
	3.2 主要管理人员	□ 三级安全教育登记卡（公司级、项目级） □ 三级安全教育考核试卷（公司级、项目级） □ 县级及以上医院一年内体检报告 □ 劳动合同扫描件 □ 资质（三类人员证件、投标文件中主要管理人员应当具备的资质证件）		
四、程序、制度报审	4.1 HSE 程序制度	□ HSE 程序（含安全操作规程） □ 危险源辨识与评价报告 □ 环境因素识别清单 □ 法律法规识别及清单 □ HSE 实施计划		
	4.2 质量程序制度	□ 质量程序 □ 工程施工强制性条文执行计划表		
	4.3 环境程序制度	□ 环境保护程序 □ 垃圾处理协议		
五、应急管理	5.1 应急预案	□ 突发事件综合应急预案 □ 防台专项应急预案 □ 疫情防控专项应急预案 □ 人员落水应急预案 □ 火灾应急预案 □ 船舶异常情况（须包含碰撞、搁浅、倾斜失控、有沉没风险等）应急预案 □ 船舶油污处置应急预案 □ 船舶人员弃船应急预案 □ 人员伤亡事故应急预案 □ 触电事故应急预案		
	5.2 应急物资	□ 应急守护船配置到位 □ 直升机救援服务协议 □ 医疗救助服务协议 □ 配备符合标准要求的救生衣，严禁使用气胀式救生衣		

表 C-3 风电机组安装平台首台机位施工必要条件检查表

年 月，发包人对风电机组安装作业平台船： 首台机位开工必要条件进行评审				
检查人员				
项目	检查内容	检 查 标 准	检查情况	备注
一、施工资格	水上水下施工作业许可证	风电机组安装作业平台船及配套船舶已办理水上水下施工作业许可证		
二、人员管理	2.1 通用要求	☐ 人员进场报审表 ☐ 防疫信息申报（疫苗接种凭证） ☐ 个人身体健康状况承诺书 ☐ 保险凭证 ☐ 人员进场承诺书		
	2.2 施工人员	☐ 三级安全教育登记卡 ☐ 三级安全教育考核试卷（公司级、项目级、班组级） ☐ 县级及以上医院一年内体检报告 ☐ 劳动合同扫描件		
	2.3 特种作业人员	☐ 特种作业人员资格证 ☐ 证件辨伪记录 ☐ 三级安全教育登记卡 ☐ 三级安全教育考核试卷（公司级、项目级、班组级） ☐ 县级及以上医院一年内体检报告 ☐ 劳动合同扫描件		
	2.4 主要管理人员	☐ 三级安全教育登记卡（公司级、项目级） ☐ 三级安全教育考核试卷（公司级、项目级） ☐ 县级及以上医院一年内体检报告 ☐ 劳动合同扫描件 ☐ 资质（三类人员证件、投标文件中主要管理人员应当具备的资质证件）		
	2.5 船员	☐ 培训证书 ☐ 适任证书 ☐ 健康证 ☐ 劳动合同扫描件		
	2.6 临时入场人员（入场时间小于 15 天的人员）	☐ 岗位安全培训教材和签到表		
	2.7 人员配置	☐ 风电机组安装平台配备专职安全人员		

项目	检查内容	检 查 标 准	检查情况	备注
三、船机设备	3.1 资料审核	□ 非三条桩腿平台船 □ 承包人至少提前 3 天按照《船舶安全控制标准》中规定的各类型船舶资料报审内容向发包人报审船舶资料，发包人对照各类别船舶法定证书、文书、资料标准对船舶实施审核		
	3.2 现场审核	□ 四方联合检查确认：所有船舶在入场前实施船方、承包人、总包单位、监理单位四方联合检查确认 □ 第三方专业检查：由承包人聘请第三方专业机构对船舶管理状况和安全状态进行审核 解释：船用起重机包含在船舶范围内。履带式起重机要实施第三方稳性计算		
	3.3 安全承诺	承包人提交船舶安全管控承诺书，明确船舶管控责任、管控内容、保障措施。		
四、材料管控	4.1 原材料	□ 主要原材料、构配件进场报验资料手续齐全（出厂合格证、检验证明）		
	4.2 测量仪器仪表	□ 各类测量、试验仪器仪表的进场报验资料手续齐全（出厂合格证、定期检验合格证，满足厂家提供的规格、数量要求）		
	4.3 风电机组部件质量	□ 机舱、叶片、轮毂产品合格及技术资料齐全 □ 所使用的高强度螺栓复检合格，安装验收签证及相关资料齐全 □ 塔筒到货验收合格，资料齐全；底段塔筒电气交接试验验收合格 □ 轮毂象腿、塔筒底座等固定工装安装焊接完成，满足吊装条件		
五、方案、程序、指导书	5.1 方案类	□ 机位施工方案（包含 3 条红线内容、插深偏差决策机制、JHA） □ 插拔桩计算报告以及第三方对插拔桩计算情况的复核（要求必须是第三方专业机构，不允许是自然人） □ 风电机组安装平台防穿刺方案		
	5.2 指导书	□ 插拔桩风险控制单 □ 关键质量点控制清单 □ 安全投入计划		
	5.3 交底	□ 已接受地质勘察单位交底 □ 风电机组安装单位对地质勘查报告进行分析，并函件回复是否需要对机位点实施补充地质勘察，如需要则由风电机组安装单位尽快组织补充勘察		
六、环境管控	第三方处置	□ 与第三方资质公司签订油污水、生活垃圾、污水、危险废物等处理协议		

项目	检查内容	检 查 标 准	检查情况	备注
七、应急管理	7.1 应急预案	□《起重设备突发事故应急预案》 □《自升式平台防穿刺方案》（自升式平台适用） □《坐底式平台突发事故应急预案》（坐底式平台适用）		
	7.2 应急物资	□ 应急守护船配置到位 □ 风电机组安装平台应急物资应与船舶上人数匹配 □ 应急救生担架已配备 □ 配备 AED □ 配备符合标准的救生衣，严禁使用气胀式救生衣		
八、现场可视化标识	8.1 帽贴	□ 身份帽贴 □ 授权帽贴：特种作业人员帽贴、岗位风险帽贴		
	8.2 设备标识	□ 起重设备检查/维护/保养人员名单已张贴在起重设备本体上 □ 起重设备操作规程已张贴在驾驶室 □ 船舶登船打卡二维码张贴		
	8.3 作业标识	□ 风险告知信息 □ 区域责任人信息 □ 在船机显眼位置张贴风电场区平面布置图和坐标		
	8.4 应急标识	□ 宿舍门口张贴姓名牌 □ 宿舍内张贴应急处置卡 □ 船舶上张贴海事救援电话		

表 C-4　　　　　　　　起重船首台机位开工条件检查表

年　　月，发包人对起重船：　　　首台机位开工必要条件进行评审				
检查人员				
项目	检查内容	检 查 标 准	检查情况	备注
一、施工资格	水上水下施工作业许可证	起重作业船及配套船舶已办理水上水下施工作业许可证中		
二、人员管理	2.1 通用要求	□ 人员进场报审表 □ 防疫信息申报（疫苗接种凭证） □ 个人身体健康状况承诺书 □ 保险凭证 □ 人员进场承诺书		
	2.2 施工人员	□ 三级安全教育登记卡 □ 三级安全教育考核试卷（公司级、项目级、班组级） □ 县级及以上医院一年内体检报告 □ 劳动合同扫描件		

项目	检查内容	检 查 标 准	检查情况	备注
二、人员管理	2.3 特种作业人员	□ 特种作业人员资格证 □ 证件辨伪记录 □ 三级安全教育登记卡 □ 三级安全教育考核试卷（公司级、项目级、班组级） □ 县级及以上医院一年内体检报告 □ 劳动合同扫描件		
	2.4 主要管理人员	□ 三级安全教育登记卡（公司级、项目级） □ 三级安全教育考核试卷（公司级、项目级） □ 县级及以上医院一年内体检报告 □ 劳动合同扫描件 □ 资质（三类人员证件、投标文件中主要管理人员应当具备的资质证件）		
	2.5 船员	□ 培训证书（四小证） □ 适任证书 □ 健康证 □ 劳动合同扫描件		
	2.6 临时入场人员（入场时间小于 15 天的人员）	□ 岗位安全培训教材和签到表		
	2.7 人员配置	□ 配备专职安全人员		
三、船机设备	3.1 资料审核	□ 承包人至少提前 3 天按照《船舶安全控制标准》中规定的各类型船舶资料报审内容向发包人报审船舶资料，发包人对照各类别船舶法定证书、文书、资料标准对船舶实施审核		
	3.2 现场审核	□ 四方联合检查确认：所有船舶在入场前实施船方、承包人、总包单位、监理单位四方联合检查确认。 □ 第三方专业检查：由承包人聘请第三方专业机构对船舶管理状况和安全状态进行审核。 解释：船用起重机包含在船舶范围内。履带式起重机要实施第三方稳性计算		
	3.3 安全承诺	承包人提交船舶安全管控承诺书，明确船舶管控责任、管控内容、保障措施		
四、材料管控	4.1 原材料	□ 主要原材料、构配件进场报验资料手续齐全（出厂合格证、检验证明）		
	4.2 测量仪器仪表	□ 各类测量、试验仪器仪表的进场报验资料手续齐全（出厂合格证、定期检验合格证满足厂家提供的规格、数量要求）		

续表

项目	检查内容	检 查 标 准	检查情况	备注
四、材料管控	4.3 桩的质量	☐ 单桩出厂验收合格（含自检及监理业主验收） ☐ 运输船机已确定，首桩运输方案已报审		
五、方案、程序、指导书	5.1 方案类	☐ 机位施工方案（复核吊物重量、JHA）		
	5.2 指导书	☐ 风电机组基础施工高风险作业指导书 ☐ 关键质量点控制清单 ☐ 本船舶的安全投入计划		
	5.3 交底	☐ 已接受地质勘查单位交底 ☐ 安全技术交底		
六、环境管控	第三方处置	☐ 与第三方资质公司签订油污水、生活垃圾、污水、危险废物等处理协议		
七、应急管理	7.1 应急预案	☐《起重设备突发事故应急预案》		
	7.2 应急物资	☐ 应急守护船配置到位 ☐ 起重船上应急物资应与船舶上人数匹配 ☐ 应急救生担架已配备 ☐ 配备 AED ☐ 配备符合标准的救生衣，严禁使用气胀式救生衣		
八、现场可视化标识	8.1 帽贴	☐ 身份帽贴 ☐ 授权帽贴：特种作业人员帽贴、岗位风险帽贴		
	8.2 设备标识	☐ 起重设备检查/维护/保养人员名单已张贴在起重设备本体上 ☐ 起重设备操作规程已张贴在驾驶室 ☐ 船舶登船打卡二维码张贴		
	8.3 作业标识	☐ 风险告知信息 ☐ 区域责任人信息 ☐ 在船机显眼位置张贴风电场场区平面布置图和坐标图		
	8.4 应急标识	☐ 宿舍门口张贴姓名牌 ☐ 宿舍内张贴应急处置卡 ☐ 船舶上张贴海事救援电话		

表 C-5　　　　　　　海缆敷设船首条海缆开工条件检查表

年　　月，发包人对海缆敷设船：　　首条路由开工必要条件进行评审				
检查人员				
项目	检查内容	检 查 标 准	检查情况	备注
一、施工资格	1.1 水上水下施工作业许可证	海缆敷设船及配套船舶已办理水上水下施工作业许可证		

项目	检查内容	检 查 标 准	检查情况	备注
二、人员管理	2.1 通用要求	☐ 人员进场报审表 ☐ 防疫信息申报（疫苗接种凭证） ☐ 个人身体健康状况承诺书 ☐ 保险凭证 ☐ 人员进场承诺书		
	2.2 施工人员	☐ 三级安全教育登记卡 ☐ 三级安全教育考核试卷（公司级、项目级、班组级） ☐ 县级及以上医院一年内体检报告 ☐ 劳动合同扫描件		
	2.3 特种作业人员	☐ 特种作业人员资格证（潜水人员资格证书、健康证明、相关安全培训证书） ☐ 证件辨伪记录 ☐ 三级安全教育登记卡 ☐ 三级安全教育考核试卷（公司级、项目级、班组级） ☐ 县级及以上医院一年内体检报告 ☐ 劳动合同扫描件		
	2.4 主要管理人员	☐ 三级安全教育登记卡（公司级、项目级） ☐ 三级安全教育考核试卷（公司级、项目级） ☐ 县级及以上医院一年内体检报告 ☐ 劳动合同扫描件 ☐ 资质（三类人员证件、投标文件中主要管理人员应当具备的资质证件）		
	2.5 船员	☐ 培训证书（四小证） ☐ 适任证书 ☐ 健康证 ☐ 劳动合同扫描件		
	2.6 临时入场人员（入场时间小于 15 天的人员）	☐ 岗位安全培训教材和签到表		
	2.7 安全专职人员配备	☐ 海缆敷设船配备专职安全员		
	2.8 潜水作业人员	☐ 配备 5 人（潜水员 2 名、潜水监督 1 名、生命支持员 1 名、潜水照料员 1 名） ☐ 潜水监督由潜水从业单位书面任命 注：摘自《空气潜水安全要求》GB 26123—2010		
三、船机设备	3.1 资料审核	☐ 承包人至少提前 3 天按照《船舶安全控制标准》中规定的各类型船舶资料报审内容向发包人报审船舶资料，发包人对照各类别船舶法定证书、文书、资料标准对船舶实施审核		

项目	检查内容	检 查 标 准	检查情况	备注
三、船机设备	3.2 现场审核	□ 四方联合检查确认：所有船舶在入场前实施船方、承包人、总包单位、监理单位四方联合检查确认 □ 第三方专业检查：由承包人聘请第三方专业机构对船舶管理状况和安全状态进行审核 解释：船用起重机包含在船舶范围内。履带式起重机要实施第三方稳性计算		
	3.3 安全承诺	□ 承包商提交船舶安全管控承诺书，明确船舶管控责任、管控内容、保障措施		
四、材料管控	4.1 原材料	□ 主要原材料、构配件进场报验资料手续齐全（出厂合格证、检验证明）		
	4.2 测量仪器仪表	□ 各类测量、试验仪器仪表的进场报验资料手续齐全（出厂合格证、定期检验合格证满足厂家提供的规格、数量要求）		
	4.3 海缆的质量	海缆出厂试验报告（耐压试验、光纤测试）、封头状况		
五、图纸、方案、程序、指导书	图纸	□ 蓝图，经过图纸会审。 □ 图纸在船舶上存放		
	5.1 方案类	□ 海缆敷设施工方案（JHA 内容包含可能造成人员伤害和设备损坏的环境因素、人为因素和设备因素等；防范措施及指定责任人；所有作业人员应清楚防范措施的内容和责任人）		
	5.2 指导书	□ 海缆敷设高风险作业指导书 □ 关键质量点控制清单 □ 安全投入计划		
	5.3 交底	□ 已接受地勘单位、设计单位交底 □ 安全技术交底		
	5.4 潜水文件配备	□ 潜水作业（安全）手册 □ 潜水计划（工作范围、潜水程序、应急程序） □ 设备操作程序、设备维修程序、设备检查表、设备维护保养记录 □ 潜水人员岗位职责和具体分工 □ 潜水减压表、减压病治疗表 □ 备有记录潜水作业情况的表格和潜水人员经历的记录簿		
六、环境管控	6.1 第三方处置	□ 与第三方资质公司签订油污水、生活垃圾、污水、危险废物等处理协议		
七、应急管理	7.1 应急预案	□《潜水作业突发事故应急预案》（潜水计划的内容应包括采用的潜水方式、潜水人员的配备和岗位职责、潜水设备的配备、潜水气体的配备和减压程序等）（应急计划的内容应包括环境因素、人为因素、设备故障和管理失误可能引起的危害，以及针对这些危害拟定的应急方案等）		

项目	检查内容	检 查 标 准	检查情况	备注
七、应急管理	7.2 应急物资	□ 应急守护船配置到位 □ 船上应急物资应与船舶上人数匹配 □ 应急救生担架已配备 □ 配备 AED □ 配备符合标准的救生衣，严禁使用气胀式救生衣		
	7.3 紧急救助与急救	□ 紧急救助联络表张贴于现场潜水人员均能看清的明显位置（包括潜水从业单位作业主管、安全主管、业主单位主管、最近海上救助单位、最近的医院、最近的具备减压舱的单位以及随时可以咨询的潜水医师等） □ 应有紧急救助通信系统 □ 应有急救药品、器材、急救手册和存量清单，每次潜水前应按清单检查、补充和更新		
八、现场可视化标识	8.1 帽贴	□ 身份帽贴 □ 授权帽贴：特种作业人员帽贴、岗位风险帽贴		
	8.2 设备标识	□ 起重设备检查/维护/保养人员名单已张贴在起重设备本体上 □ 起重设备操作规程已张贴在驾驶室 □ 船舶登船打卡二维码张贴		
	8.3 作业标识	□ 风险告知信息 □ 区域责任人信息 □ 在船机显眼位置张贴风电场场区平面布置图和坐标图		
	8.4 应急标识	□ 宿舍门口张贴姓名牌 □ 宿舍内张贴应急处置卡 □ 船舶上张贴海事救援电话		

附件 D 人员入场相关表单

表 D-1   个人身体健康状况承诺书

郑重声明：

为保护个人隐私，个人申报信息将严格保密，仅用于现场安全管理。

申报目的：

（1）保护现场作业人员个人职业健康与安全；

（2）避免因人员职业健康异常而影响安全生产。

法律依据：

国家职业病防治法规定："不得安排有职业禁忌的劳动者从事其所禁忌的作业"。

申报说明：

（1）申报人针对以下疾病病史进行申报，选择"否□、是□"（如选择"是"填写发现时间）；

（2）如实、全面进行申报，不得瞒报、漏报和谎报

序号	申 报 项 目	否	是	发现时间
1	循环系统疾病（如高血压、心脏病等）	□	□	
2	呼吸系统疾病（如肺结核等）	□	□	
3	消化系统疾病（如活动性肝炎等）	□	□	
4	血液系统疾病（如白血病、中度以上贫血等）	□	□	
5	内分泌系统疾病（如甲亢、糖尿病等）	□	□	
6	恶性肿瘤（各类癌症）	□	□	
7	癫痫病史	□	□	
8	精神类疾病病史	□	□	
9	脑血管疾病病史	□	□	
10	不明原因晕厥史	□	□	
11	其他可能影响安全生产的疾病	□	□	

本人已详读并理解以上文字，本人保证申报内容是如实、全面的，没有瞒报、漏报和谎报，本人对因未如实申报所产生的一切后果负责。

申报人（签名）：   日期：___年___月___日

表 D-2 　　　　　　　　　　　　　人 员 进 场 承 诺 书

本人因工作关系需进入＿＿＿＿＿＿＿＿施工现场，现郑重承诺遵守如下规定：

1. 本人不存在癫痫等隐性病症及精神类疾病，无任何刑事案件牵连。

2. 进入施工现场，严格按规定办理相关入场授权，凭授权进入，临时入场人员需在相关接口人陪同下进入。

3. 进入施工现场，严格穿戴符合国家标准规定的个人防护用品，包括安全帽、安全鞋、工作服等，禁止穿短裤、拖鞋、凉鞋、裙子、高跟鞋等。

4. 未经允许和授权不得擅自作业，不随意触碰各类仪器设备，对于蓄意破坏者，将移交公安机关处理，临时作业人员必须在陪同人的监护下才可开展作业。

5. 作业现场必须保持整洁，禁止乱扔垃圾、随地吐痰，作业结束后必须清理作业现场，恢复原状。

6. 禁止在非吸烟区域吸烟，禁止乱扔烟头或将烟灰、烟头丢至现场垃圾点。

7. 现场动火作业，如电焊、切割、打磨、使用高温加热器具等，必须办理动火票。

8. 进入现场人员应爱护现场的安全卫生设施、设备和器材，如围网、消防栓、警示牌、围栏、排洪沟、护坡、厕所等，并对因其违章行为而造成的损坏负责。

9. 作业人员有权拒绝任何人的强令冒险作业和违章指挥，有权向项目部安全管理部门报告现场存在的不安全条件和行为，遵守现场防疫规定。

10. 发生人员受伤、火情及治安保卫事件，及时拨打现场报警电话：＿＿＿＿＿＿＿＿。

11. 长期入场人员已参加申请单位入场三级安全培训，临时入场人员已参加临时入场安全培训。

12. 本人不私下接受记者采访，未经书面许可，不得在现场拍照或摄像，不得以任何形式在微信、微博等个人平台上发布任何项目相关信息和图片。

本人已经明确并承诺遵守以上规定，如发生违章行为，项目部有权依照相关规定进行处罚。

承诺人：

日 期：

表 D-3 　　　　　　　　　　　　　常规体检项目及合格指标

序号	重点检查项目	控 制 指 标	控 制 措 施
1	血压	收缩压 ≥160mmHg 或舒张压 ≥100mmHg	禁止入场
2		收缩压：[140，160）mmHg 或舒张压：[90，100）mmHg	可以入场，纳入重点关注人群，规律服药治疗，每天至医务室测量血压一次
3	空腹血糖	＞9.5mmol/L	禁止入场

续表

序号	重点检查项目	控 制 指 标	控 制 措 施
4	空腹血糖	[8.0，9.5] mmol/L	可以入场，纳入重点关注人群，规律服药治疗，每天至医务室测量血糖一次
5		[7.0，8.0）mmol/L	可以入场，纳入重点关注人群，规律服药治疗，每周至医务室测量血糖一次
6	12 导联常规心电图	左心室高电压、ST 波改变，ST-T波改变	增加体检项目：心脏彩超，无异常可入场
7		窦性心律≤50	禁止入场
8		T 波倒置	禁止入场
9		ST-T 水平压低≥0.1mV	禁止入场
10		Ⅱ度、Ⅲ度房室传导阻滞	禁止入场
11		频发性室性早搏	禁止入场
12	胸部正位片	肺炎/肺结核（活动期）/心脏病/风心病	禁止入场
13	血常规＋ABO 血型	贫血	禁止从事架子工、钢结构安装工、塔式起重机司机等高处作业工种，重点跟踪人群
14	血脂	高脂血症（甘油三酯、总胆固醇、高密度脂蛋白、低密度脂蛋白）	增加体检项目：同型半胱氨酸，无异常可入场，重点跟踪人群
15	肝功能	急慢性病毒性肝炎、酒精肝、脂肪肝等疾病。（丙氨酸氨基转移酶、天门冬氨酸氨基转移酶）	可以入场，作为重点跟踪人群
16	尿常规	糖尿病	可以入场，作为重点跟踪人群
17	耳鼻喉	耳聋、失明（单眼）	禁止入场
18	双眼视力	任一眼睛矫正视力＜4.0	禁止入场
19	辨色力	色盲	禁止从事电工、机动车驾驶员作业
20		色弱	可以入场，作为重点跟踪人群
21	普通内科	晕厥史、癫痫、精神病史等不适合从事施工的疾病；有心悸、气促等症状	禁止入场
22	其他	恐高症、眩晕症	禁止入场

表 D-4   常见工种职业禁忌证

作业类型	从事相关作业活动禁忌证
机动车驾驶作业	1）身高：驾驶大型车小于 155cm。驾驶小型车小于 150cm； 2）远视力（对数视力表）：两裸眼小于 4.0，并小于 4.9（允许矫正）； 3）色觉：红绿色盲； 4）立体盲； 5）听力：双耳平均听闻大于 30dB（语频纯音气导）； 6）器质性心血管系统疾病； 7）神经系统疾病：癫痫病史或晕厥史，美尼尔氏症，眩晕症，癔病，震颤麻痹和影响手足活动的脑病； 8）精神障碍：精神病，痴呆； 9）运动功能障碍； 10）四肢不全、拇指残缺、除拇指外其余四指缺两指，下肢不等长度大于 5cm； 11）不适于当驾驶员的其他严重疾病
高处作业	心血管疾病、癫痫或晕厥史、肢体肌肉骨骼疾病
电工作业	心血管疾病、癫痫或晕厥史、色盲/色弱、高血压
高温作业	高血压、心脏疾病、心率增快（有心动过速史，并有 3 次以上心率≥120 次/min 的病史）、糖尿病、甲状腺机能亢进、严重的大面积皮肤病
噪声作业	耳部疾患、高血压、心脏疾患、严重的神经衰弱、神经精神疾患、内分泌疾患
压力容器作业	癫痫、色盲、明显听力减退
粉尘作业	活动性肺结核，慢性肺部疾病，严重的慢性上呼吸道或支气管疾病，显著影响肺功能的胸膜、胸廓疾病，严重的心血管系统疾病

附 录 E 评 分 项 目 表

表 E-1   通 用 评 分 项 目

检查类目		检 查 内 容	评分标准	维度	检查情况
通用检查项目	1. 证书、文书资料	（1）船舶是否有国籍证书		A	
		（2）船员配置是否满足最低安全配员证书要求		A	
		（3）是否有船舶检验证书簿		A	
		（4）是否有 DOC、SMC	−40 分	B	
		（5）无船员适任证书操作	−10 分/人	B	
	2. 应急管理	（1）救生、消防设备配备是否满足船舶检验证书要求	−10 分	A	
		（2）是否有消防应急预案、弃船应急预案、防油污应急预案、三防应急预案	−10 分	B	
		（3）是否成立包含船方、施工方在内的应急管理组织	−10 分	B	
		（4）应急预案是否传达到有关方	−10 分	B	
		（5）应急处置卡是否张贴在每个人床头，并与其个人应急处置措施相匹配	−10 分	B	
		（6）应急演练是否按照计划实施、是否覆盖所有在船人员	−10 分	B	
		（7）应急发电机设备是否可随时启动	−10 分	B	
		（8）应急通信是否正常可用	−10 分	B	
		（9）救生设备（救生艇、救助艇、救生筏、救生衣、救生圈）的检查维护保养记录是否符合要求	−10 分	B	
		（10）消防系统（自动灭火系统、灭火器、消防泵、消防急救设备等）是否可用、检查维护保养记录是否符合要求	−10 分	B	
		（11）是否配备救助艇	+20 分	C	
		（12）所配备守护应急拖轮是否满足要求（无动力船只按照 1:1 配置，多个有动力船只可共用一条守护船）	−10 分	B	
		（13）守护拖轮应在所守护船只 2 海里以内执行守护任务，并不得擅自离开	−10 分	B	

检查类目		检 查 内 容	评分标准	维度	检查情况
通用检查项目	3. 锚泊系统	（1）锚设备配置是否与证书一致		A	
		（2）锚机/绞缆机底座固定装置是否完好、有无裂纹情况	－10分	B	
		（3）刹车机构、锚链弃链器	－10分	B	
		（4）锚链腐蚀直径是否满足规范	－10分	B	
		（5）锚链标志是否清晰	－10分	B	
		（6）缆桩、导缆孔等腐蚀磨耗是否超过极限	－10分	B	
	4. 航行设备	（1）雷达、罗经、BIS、电子海图是否正常可用	－10分	B	
		（2）EPIRA、SBRT、GPS、无线通信设备是否正常可用	－10分	B	
		（3）航行灯、信号灯等是否正常可用	－10分	B	
	5. 环境保护	（1）油水分离器是否正常可用	－10分	B	
		（2）生活污水处理系统是否正常可用	－10分	B	
		（3）焚烧炉是否正常可用	－10分	B	
	6. 船龄	1年及以下得＋5分；1～5年得＋10分；5～10年得＋5分；10年以上得0分	根据船龄进行评分	C	
	7. 其他	（1）是否由其他非起重船改装		A	
		（2）自制吊篮是否有第三方计算	－10分	B	
		（3）吊篮是否有船级社证书	－10分	B	
		（4）是否有超员情况	－10分	B	
		（5）上下交通船是否有专人引导	－10分	B	
		（6）是否配备蛙式吊篮	＋5分	C	
		（7）性能提升改造，如动力系统或起重设备升级，得5分	＋5分	C	
		（8）是否满足最低配员要求（非自航船最低配员要求见表E-2）	－10分	B	

表 E-2　　　　　非自航船舶最低配员要求

非自航船最低配员要求					
甲板部	人数	备注	轮机部	人数	备注
船长或驾驶员	1		轮机长或轮机员	1	
值班水手	2	不参与航行的船员	值班机工	2	不参与航行的船员

注　以上为非自航船舶的最低配员要求，各船在作业过程中应根据自身船舶特点及工程作业需求，增设相关的岗位及人数。

表 E-3   特 殊 评 分 项 目

检查类目		检 查 内 容	评分标准	维度	检查情况
自升式平台	1. 插拔桩人员	（1）操作人员无插拔桩操作经验		A	
		（2）操作人员培训情况（包含插拔桩规程、防穿刺应急预案等）	－10 分	B	
	2. 升降系统	（1）桩腿日常检查、保养记录是否得到有效落实	－10 分	B	
		（2）桩腿、升降机构、围井（固桩室）是否有变形、裂纹等情况	－10 分	B	
		（3）冲桩系统是否可用	－10 分	B	
		（4）升降操作台是否能如实反映桩腿各参数	－10 分	B	
	3. 起重机	（1）变幅卷扬、主副钩卷扬钢丝绳是否有乱绳、脱槽情况、是否达到或接近报废标准		A	
		（2）安全防护装置（高度限位、起重量限制等）是否处于可用状态		A	
		（3）履带式起重机是否经第三方进行稳定性计算		A	
		（4）履带式起重机是否有年度检验报告		A	
		（5）是否制定检查维护保养制度并落实	－10 分	B	
		（6）是否配备检查维护保养人员并公示	－10 分	B	
		（7）整体检查：主臂架/人字架/焊缝/主要连接件/回转机构/钩头/滑轮/滚筒是否有锈蚀、脱漆、腐蚀	－10 分	B	
		（8）制动系统（棘轮、碟刹、带刹）是否符合规范要求	－10 分	B	
		（9）电气系统是否符合规范要求	－10 分	B	
		（10）根据作业方案核实起重机载荷率（80%及以下得 10 分，80%～90%得 5 分，90%及以上得 0 分）	根据载荷率进行评分	C	
起重船	起重机	（1）变幅卷扬、主副钩卷扬钢丝绳是否有乱绳、脱槽情况、是否达到或接近报废标准		A	
		（2）安全防护装置（高度限位、起重量限制等）是否处于可用状态		A	
		（3）履带式起重机是否经第三方进行稳定性计算		A	
		（4）履带式起重机是否有年度检验报告		A	
		（5）是否制定检查维护保养制度并落实	－10 分	B	
		（6）是否配备检查维护保养人员并公示	－10 分	B	

检查类目		检查内容	评分标准	维度	检查情况
起重船	起重机	（7）整体检查：主臂架/人字架/焊缝/主要连接件/回转机构/钩头/滑轮/滚筒是否有锈蚀、脱漆、腐蚀	−10分	B	
		（8）制动系统（棘轮、碟刹、带刹）是否符合规范要求	−10分	B	
		（9）电气系统是否符合规范要求	−10分	B	
		（10）根据作业方案核实起重机载荷率（80%及以下得10分，80%~90%得5分，90%及以上得0分）	根据载荷率进行评分	C	

附录 F　船舶安全管控相关表单

表 F-1　　　　　　　　船舶法定检验证书、文书与资料标准

一、国内非入级船舶所持证书一览表			
船舶证书名称	有效期	适用范围	所适用检验或审核种类
海上船舶吨位证书	长期	所有船舶	
海上货船适航证书	不超过 5 年	所有货船	初次/建造、年度、中间、换证
海上客船适航证书	不超过 2 年	载客 12 人及以上客船	初次/建造、年度、换证
海上船舶载重线证书	不超过 5 年	所有船舶	初次/建造、年度、换证
海上船舶防止油污证书	不超过 5 年	所有船舶	初次/建造、年度、中间、换证
海上船舶防止生活污水证书	不超过 5 年	2009 年 1 月 1 日及以后安放龙骨，且 400 总吨以上或核定载客 15 人以上的新船；现有船舶 2014 年 1 月 1 日适用	初次/建造、换证
海上船舶防止空气污染证书	不超过 5 年	2009 年 9 月 1 日及以后安放龙骨的新船	初次/建造、年度、中间、换证
海上船舶防止污底系统证书	不超过 5 年	适用于所有国内航行 400 总吨及以上船舶（2014 年 9 月 1 日前建造的船舶，自 2014 年 9 月 1 日后的第一次计划坞修时）	初次/建造、临时
海上船舶乘客定额证书	长期有效	载客 12 人及以上客船	初次/建造、临时
适拖证书	单程一个航次	拖船和被拖物	适拖
油污损害民事责任保险证书	同保险单	所有油船及 1000 总吨及以上的货船	
二、国内入级船舶所持证书一览表			
船舶证书名称	有效期	适用范围	所适用检验或审核种类
国际载重线证书	不超过 5 年	长度 24m 及以上且 150 总吨及以上船舶	初次、年度、换证
国际吨位证书	长期	所有船舶	
客船安全证书	12 个月	客船	初次、换证、附加

续表

船舶证书名称	有效期	适用范围	所适用检验或审核种类
货船构造安全证书	不超过 5 年	500 总吨及以上货船	初次、年度、中间、船底外部、换证、附加
货船设备安全证书	不超过 5 年	500 总吨及以上货船	初次、年度、换证、附加
货船无线电安全证书	不超过 5 年	300 总吨及以上货船	初次、定期、换证、附加
国际防止油类污染证书	不超过 5 年	400 总吨及以上货船；150 总吨及以上油船	初次、年度、中间、换证
船舶安全管理证书	不超过 5 年	500 总吨以上船舶	初次、中间、换证
符合证明	不超过 5 年	500 总吨以上船舶	初次、年度、换证、附加
船舶航行安全证书	不超过 5 年	非机动船。500 总吨以下国际航行货船	初次、年度、中间、换证
适拖证书	单程一个航次	拖船和被拖物	适拖
国际防止生活污水污染证书	不超过 5 年	400 总吨及以上或 400 总吨以下核定载运 15 人以上船舶	初次、换证
国际船舶保安证书	不超过 5 年	国际航行船舶（客船、货船、移动式海上钻井装置）	初次、期间、换证
燃油污染损害民事责任保险	有效期不得长于保险或其他担保的有效期	300 总吨以上的船舶	
残骸清除责任保险或其他财务保证证书	有效期不得长于保险或其他担保的有效期	300 总吨以上的船舶	
国际船舶防污底证书	一般情况下长期有效，除非更换防污底系统或国旗	400 总吨及以上国际航行船舶	初次、附加
国际能效证书	长期有效	400 总吨及以上国际航行船舶	初次、换证

三、文书与资料

文书与资料名称	适 用 范 围
完整稳性手册	每艘客船、24m 及以上的货船（国际）、所有船舶（国内）
破损控制图和手册	所有船舶（国际） 每艘客船及 1992 年 2 月 1 日以后建造的干货船（国内）
船上油污应急计划	150 总吨及以上油轮和 400 总吨及以上非油轮
防火控制图、手册	所有客船及 500 总吨以上的货船
训练手册	每个船员住室应配备一本（国内）

文书与资料名称	适 用 范 围
垃圾记录簿	2018 年 3 月 1 日以后适用于公约其他缔约国管辖的港口或近岸装卸站航行的 400 总吨及以上的船舶以及载运 15 人及以上的船舶以及每一从事海底勘探的固定式和移动式平台
油类记录簿	150t 及以上的油轮和 400 总吨及以上的非油轮要配备油类记录簿第 1 部分（机器处所的操作）
船舶保安计划	客船、500 总吨以上的货船（国际）
船舶起货设备检验簿	安装起重设备的船舶
航海日志	所有船舶
轮机日志	所有船舶
无线电日志	所有配备 GMDSS（全球海上遇险与安全系统）设备的船舶
车钟记录簿	所有船舶
船长夜航命令簿	所有船舶
应变部署表	所有船舶
国际海空联合搜救手册	所有船舶
气胀式救生筏的检验报告	在船上配备的每一个气胀式救生筏
船舶相关完工图纸与计算书	所有船舶
电台执照	已安装和正在安装无线电台的船舶
海上移动通信业务标识码证书	已安装 GMDSS 设备的中国籍船舶

表 F-2　　　　　　　　自升式平台插拔桩作业风险控制单模板

机位号		本机位穿刺层所在位置		
本机位溜桩地层所在位置		安全技术交底（插拔桩操作人员确认）		
工序	主要风险	预 防 措 施	船东方确认	承包人确认
NO.0 先决条件确认	管理责任未履责	（1）人：操作人员经厂家培训合格。 （2）机：船舶经检查无异常，插拔桩有关系统经检查无异常。 （3）方案：《专项施工方案》《防穿刺措施及预案》《插拔桩计算说明书》《插拔桩腿操作规程》《本机位沉桩情况》《插拔桩腿突发事故应急预案》在平台驾驶室存档。 （4）环境：风速、浪高、流速与平台设计工况相符合。 　　风速：＿＿＿＿＿＿＿＿＿＿＿＿ 　　浪高：＿＿＿＿＿＿＿＿＿＿＿＿ 　　流速：＿＿＿＿＿＿＿＿＿＿＿＿ （5）物料堆放：平台甲板上堆存物品重量在可变载		

机位号		本机位穿刺层所在位置			
本机位溜桩 地层所在位置		安全技术交底 （插拔桩操作人员确认）		船东方 确认	承包人 确认
工序	主要风险	预　防　措　施		船东方 确认	承包人 确认
NO.0 先决条件 确认	管理责任未 履责	荷内，履带式起重机、叉车经有效固定。 （6）禁令：在整个插拔桩过程中，甲板上不得有除船员外的无关人员逗留。禁止使用平台上的吊机和在平台上移动重物			
NO.1 平台定位	定位不在准 确位置	按照施工方案中规定位置进行定位，并由专业人员核定坐标点位。 记录坐标点＿＿＿＿＿＿＿＿＿＿＿＿＿＿＿			
NO.2 插桩	（1）桩腿滑移、形变/裂纹、倾斜、折弯。 （2）桩腿穿刺导致平台倾斜	（1）平台吃水状态下进行插桩。插桩过程中保持平台水平度不超过规定限值。 （2）风速、浪高、流速符合操作手册要求。 风速：＿＿＿＿＿＿＿＿＿＿＿＿＿＿＿＿＿ 浪高：＿＿＿＿＿＿＿＿＿＿＿＿＿＿＿＿＿ 流速：＿＿＿＿＿＿＿＿＿＿＿＿＿＿＿＿＿ （3）记录插桩深度值： | 1号桩腿		2号桩腿	
3号桩腿		4号桩腿		 （4）判断是否站桩在理论穿刺层。 是（　　　　）否（　　　　） 如插桩处理论穿刺层，按照防穿刺方案采取防穿刺措施			
NO.3 保压	桩腿穿刺导 致平台倾斜	（1）查看桩腿是否出现形变、裂纹等异常，如有不能继续插桩。 （2）保压时间是否符合操作手册要求，保压时间： ＿＿＿＿＿＿＿＿＿＿＿＿＿＿＿＿＿＿＿＿＿			
NO.4 预压载 及保压	（1）桩腿滑移、形变/裂纹、倾斜、折弯。 （2）桩腿穿刺导致平台倾斜	（1）按照插拔桩腿操作规程进行操作。风速、浪高、流速符合操作手册要求。 风速：＿＿＿＿＿＿＿＿＿＿＿＿＿＿＿＿＿ 浪高：＿＿＿＿＿＿＿＿＿＿＿＿＿＿＿＿＿ 流速：＿＿＿＿＿＿＿＿＿＿＿＿＿＿＿＿＿ （2）预压载过程中要保证船舶水平度不超过平台限值。 （3）要对压载舱注水人员任务执行情况进行检查确认，确认其是否操作正确（如有）。 （4）记录插桩深度值： | 1号桩腿		2号桩腿	
3号桩腿		4号桩腿					

机位号		本机位穿刺层所在位置		
本机位溜桩地层所在位置		安全技术交底（插拔桩操作人员确认）		
工序	主要风险	预 防 措 施	船东方确认	承包人确认
NO.4 预压载 及保压	（1）桩腿滑移、形变/裂纹、倾斜、折弯。 （2）桩腿穿刺导致平台倾斜	（5）判断是否站桩在理论穿刺层。 是（　　）否（　　） 如插桩处有理论穿刺层，按照防穿刺方案采取防穿刺措施。 （6）保压时间是否符合操作手册要求，保压时间： ＿＿＿＿＿＿ （7）实际插深与计算插深是否出现偏差（遵照下述三种情况）。 是（　　）否（　　） 情况一：当预压力值达到了设计值时，实际插深尚未达到计算插深时。 情况二：当预压力值达到了设计值时，实际插深超过设计插深一个桩靴高度时。 情况三：当预压力值未达到设计值时，插深已经超过计算插深时。 （8）插深偏差决策管理动作执行。（由插深偏差决策机构写明决策依据） 决策依据：＿＿＿＿＿＿ ＿＿＿＿＿＿ ＿＿＿＿＿＿		
NO.5 升降船	（1）桩腿形变/裂纹、倾斜、折弯。 （2）未到指定位置	（1）按照插拔桩腿操作规程进行操作。风速、浪高、流速符合操作手册要求。 风速：＿＿＿＿＿ 浪高：＿＿＿＿＿ 流速：＿＿＿＿＿ （2）核定到指定位置		
NO.6 拔桩	（1）不能拔桩操作。 （2）桩腿冲桩系统不可用。 （3）桩腿形变/裂纹、倾斜、折弯	（1）拔桩力不超过升降单元额定载荷。 （2）按照操作规程操作，平台水平度不超过平台限值。 （3）按照插拔桩腿操作规程进行操作。风速、浪高、流速符合操作手册要求。 风速：＿＿＿＿＿ 浪高：＿＿＿＿＿ 流速：＿＿＿＿＿		
NO.7 移位	桩腿倾斜、折弯	（1）自航移位时桩腿应完全收回。 （2）按照插拔桩腿操作规程进行操作。风速、浪高、流速符合操作手册要求。 风速：＿＿＿＿＿ 浪高：＿＿＿＿＿ 流速：＿＿＿＿＿		

注　本模板仅作为自升式平台插拔桩腿作业参考模板。

表 F-3　　　　　　　　平 台 站 桩 记 录

平台站桩记录		文件编号	
		日期	
		船舶名称	
		记录人	
站桩位置			
风场		机位	
其他位置			
站桩目的	作业	抗风	其他原因
	√		
站桩工时			
流程	起始时间	结束时间	总用时（min）
定位			
降腿			
压桩			
预压载			
保压			
升船			
拔桩工时			
流程	起始时间	结束时间	总用时（min）
降船			
冲拔桩			
站桩数据			
作业水深（m）		气隙高度（m）	
平台纵倾（°）		平台横倾（°）	
入泥深度（m）	1号桩腿（左艏）	2号桩腿（右艏）	
	3号桩腿（左艉）	4号桩腿（右艉）	
最大压桩载荷（t）	1号桩腿（左艏）	2号桩腿（右艏）	
	3号桩腿（左艉）	4号桩腿（右艉）	
终止保持载荷（t）	1号桩腿（左艏）	2号桩腿（右艏）	
	3号桩腿（左艉）	4号桩腿（右艉）	
保持时间（min）	1号桩腿（左艏）	2号桩腿（右艏）	
	3号桩腿（左艉）	4号桩腿（右艉）	
最大拔桩负荷（t）	1号桩腿（左艏）	2号桩腿（右艏）	
	3号桩腿（左艉）	4号桩腿（右艉）	

异常情况记录	
签字确认	
操作人员签字	

表 F-4 坐底式平台下潜与浮起作业风险控制单模板

机位号		安全技术交底（操作人员确认）	地质交底 【　　】 施工方案交底【　　】 突发事件应急 预案　　【　　】 操作规程　【　　】	
工序	主要风险	预　防　措　施	船东方 确认	承包人 确认
NO.0 先决条 件确认	管理要求未落 实，致使被利益 相关方考核的 风险、发生事故 被追责的风险	（1）人：禁止无操作经验船员操作下潜与浮起系统，配备专业能力满足要求的压载操作员。 （2）机：船舶经检查无异常，压载系统经检查无异常。 （3）方案：《专项施工方案》中增加坐底式平台拖航、就位、下潜、浮起风险分析及管控；《坐底式平台抗风险管控专项措施和应急预案》由专业第三方审核通过；《下潜与浮起操作规程》；上述三个方案在平台驾驶室存档。 （4）环境：风、浪、流速与平台设计工况相符合。 1）风速：≤6 级，有义波高不超过 0.5m；≤4 级，有义波高不超过 1m； 2）流速：≤1.5m/s。 （5）物料堆放：平台甲板上堆存物品重量在可变载荷内，履带式起重机、叉车经有效固定。 （6）禁令：在整个下潜与浮起过程中，甲板上不得有除船员外的无关人员逗留。禁止使用平台上的吊机和在平台上移动重物，严禁开展其他作业。 （7）记录：填写下潜与浮起记录。 （8）应急：设置不同危险状况进行桌面演练和实操演练，提高压载团队和项目管理团队风险管控能力。 （9）承载力试验：若海床表层为流塑状淤泥且覆盖层较厚时，可能会造成无法承重进而下陷量超标，起浮困难，需要提前进行承载力试验进行验证。 （10）海床平整度扫测：保证拟坐底位置范围内纵、横倾角满足设计要求，防滑移、防倾覆		

机位号		安全技术交底（操作人员确认）	地质交底 【　　】 施工方案交底【　　】 突发事件应急 预案　　　【　　】 操作规程　【　　】	
工序	主要风险	预　防　措　施	船东方 确认	承包人 确认
NO.1 平台 定位	定位不在准确位置，可能会发生因距离不足而造成起重伤害风险	按照施工方案中规定位置进行定位，并由专业人员核定坐标点位。 　　记录坐标点＿＿＿＿＿＿＿＿＿＿＿＿＿＿		
NO.2 下潜	船舶滑移、船舶倾覆	（1）风速、浪高、流速符合操作手册要求。 　　风速：＿＿＿＿＿＿＿＿＿＿＿＿＿＿＿ 　　浪高：＿＿＿＿＿＿＿＿＿＿＿＿＿＿＿ 　　流速：＿＿＿＿＿＿＿＿＿＿＿＿＿＿＿ （2）关闭举升甲板水密门。 （3）船艏艉倾斜度满足操作规程要求。对压载舱注水人员任务执行情况进行检查确认，确认其是否操作正确。保证对称压载舱同样的进水量；如发现平台倾斜，调整相应压载舱进水速度，仍无法消除倾斜，立即关闭所有压载舱的通大气阀和通海阀，并做进一步调查。 （4）记录下潜深度值、装载量、船舷侧处的实际内外压差、相邻压载舱分隔的舱壁处的实际压差。 （5）通过装载计算机计算出的实时 GM 值必须大于设计最小值，保证平台稳性。 （6）上层平台最底部距离最大设计波峰界面之间净距离需满足设计要求。 （7）采用冲刷工况进行储备力矩的计算分析结果指导施工，同时做好冲刷防护和定点定时监测工作，做好数据记录与分析，发现异常状况采取紧急措施起浮移位。 （8）平台作业人员要确保所有传感器数据准确（无压力传感器时通过装载仪实时数据与理论值对比），保证压载量与计算值一致，不允许在较硬地质上过载超压，破坏船底板结构。 （9）泊锚处于工作状态，提供额外的抗滑移力		
NO.3 保压	（1）坐底区域局部冲刷严重，导致平台滑移。 （2）浮体内进水，导致水密性破坏	（1）船员 24 小时值守，发现异常要第一时间按照船舶操作规程进行调整。 （2）保压时间是否符合操作手册要求，保压时间： ＿＿＿＿＿＿＿＿＿＿＿＿＿＿＿＿＿＿＿＿ （3）实时观测平台 4 角各个测深仪遥测和平台坐底受力情况，如测深差较大，及时调整船位。 （4）定时查询水密门本地指示灯及警报预警情况		

续表

机位号		安全技术交底（操作人员确认）	地质交底　　　【　　】	
			施工方案交底【　　】	
			突发事件应急	
			预案　　　　　【　　】	
			操作规程　　　【　　】	

工序	主要风险	预　防　措　施	船东方 确认	承包人 确认
NO.4 浮起	船舶滑移、船舶倾覆	（1）按照操作规程进行操作。风速、浪高、流速符合操作手册要求。 风速：＿＿＿＿＿＿＿＿＿＿＿＿＿＿＿＿＿ 浪高：＿＿＿＿＿＿＿＿＿＿＿＿＿＿＿＿＿ 流速：＿＿＿＿＿＿＿＿＿＿＿＿＿＿＿＿＿ （2）冲喷系统工作时，上浮高度约为 0.2m 时，需停止舱室排水，防止平台瞬间跳起。 （3）船艏艉倾斜度满足操作规程要求。保证对称压载舱同样的排水量；如发现平台倾斜，调整相应压载舱排水速度，仍无法消除倾斜，立即关闭所有压载舱的通大气阀和通海阀，并做进一步调查。 （4）对压载舱排水人员任务执行情况进行检查确认，确认其是否操作正确。 （5）记录下潜深度值、各舱室装载量、船舷侧处的实际内外压差、相邻压载舱分隔的舱壁处的实际压差。 （6）判断船舷侧处的实际内外压差是否在许可压差范围内，判断相邻压载舱分隔的舱壁处实际内外压差是否在许可压差范围内。 （7）当吸附力过大时，应多次进行对底冲刷，不可过量不平衡排载达到加大浮力的方式起浮，造成过大的纵倾现象，甚至平台倾覆事故		
NO.5 移位	吊车大臂损坏，船体倾斜	（1）自航移位时吊车大臂未固定在搁置架上。 （2）按照操作规程进行操作。风速、浪高、流速符合操作手册要求。 风速：＿＿＿＿＿＿＿＿＿＿＿＿＿＿＿＿＿ 浪高：＿＿＿＿＿＿＿＿＿＿＿＿＿＿＿＿＿ 流速：＿＿＿＿＿＿＿＿＿＿＿＿＿＿＿＿＿		

注　本模板仅作为坐底式平台下潜与浮起作业风险管控参考模板。

附录 G 关键机械设备入场验收表

表 G-1　　　　　　　　　　　关键机械设备入场验收表

名称		生产厂家	
出厂日期		使用地点	
出租单位		使用单位	
报审人		报审时间	
承包人设备管理人员		承包人设备检查人员	

一、资料审核

序号	资料	是否符合		备注
		是	否	
1	设备使用说明书			
2	检查、维护、保养记录【注：查验记录内容是否符合有关法规及使用说明书要求】			
3	检验报告【注：船用起重机为船舶起重设备证书】			
4	租赁协议【注：适用于长期租赁设备】			
5	设备损坏事故应急预案【注：可为应急处置措施】			
6	产品合格证			
承包人设备管理部门意见		承包人 HSE 部门意见		海上风电项目部验收人员意见	

二、状态审核

序号	审核内容	是否符合	备注
1	按照《隐患排查指引》进行审核		
承包人设备管理部门意见		承包人 HSE 部门意见		海上风电项目部验收人员意见	

附录 H 作业许可证

表 H-1 　　　　　　　　动 火 作 业 许 可 证

承包人		作业负责人		作业监护人		
动火作业位置和描述			计划动火作业时间			
动火作业方式	气焊【　　　】　切割【　　　】　打磨【　　　】　电焊【　　　】 喷枪【　　　】　其他【　　　】（注明何种方式）					
动火级别	一级动火作业【　　　】　　二级动火作业【　　　】					
签字解释	二级动火作业由承包人自行审核、签发。一级动火作业需海上风电项目部进行现场审核并审批					
现场审核安全管控措施				承包人业务主管	承包人HSE部门	海上风电项目部作业审批人
人员	（1）如为焊接作业，焊接作业人员应持证上岗					
人员	（2）监护人明确监护职责，尤其是涉及高处动火作业，动火作业周边有无法移动的易燃物品、贵重仪器时，必须设置监火人员					
工具	（1）切割/打磨机有手持手柄、砂轮片防护罩齐全。 （2）电焊机符合安全要求。 （3）其他焊接使用气瓶在有效检定期内、气管无漏气、乙炔气瓶有防回火器					
环境	（1）受到影响的周边易燃物是否得到有效清理或使用防火布防护					
环境	（2）周围 5m 范围内是否有灭火器或水管，能够在起火后立即投入使用					
不符合项						
经验反馈						
许可作业开始时间						
承包人业务主管部门签字/日期		承包人安全监督人员签字/日期		海上风电项目部作业审批人签字/日期		
动火作业延期						
承包人业务主管部门签字/日期		承包人安全监督人员签字/日期		海上风电项目部作业审批人签字/日期		

作业结束		
现场审核内容		作业负责人
结束审查	确认无火星掉落在周边，如有应确认其已经熄灭	
动火作业实际结束时间		
将此表反馈给承包人 HSE 部门，由 HSE 部门存档		

表 H-2   受限空间作业许可证

承包人		作业负责人		安全监督人员		
受限区域位置和描述		计划作业时间				
进入目的						
受限区域工艺						
现场审核安全管控措施				承包人业务主管	承包人HSE部门	海上风电项目部作业审批人
可接受进入条件	氧气含量【 】 易燃物【 】 硫化氢【 】 一氧化碳【 】 标准：氧气【19.5%～21.5%】易燃物【低于10%】硫化氢【0～10ppm】一氧化碳【0～10ppm】					
人员	（1）是否采取合适的通风方式保障受限空间内空气质量					
	（2）进入作业人员当日身体状况良好					
	（3）监护人员明确监护职责、气体测量人员会操作测量仪器并按规定进行持续监测					
法	（1）作业人员经安全交底并在交底确认单上签字、记录					
	（2）应急处置流程明确并随身携带					
通信	保障通信畅通					
照明器具	是否使用安全电压照明或其他能满足照明要求且安全的照明方式					
不符合项记录						
经验反馈						
许可作业开始时间						
承包人业务主管部门签字/日期		承包人安全监督人员签字/日期		海上风电项目部作业审批人签字/日期		

受限空间作业人员记录【由作业人员填写】							
姓名		进入时间		携带工具		出来时间	
姓名		进入时间		携带工具		出来时间	
姓名		进入时间		携带工具		出来时间	
姓名		进入时间		携带工具		出来时间	
姓名		进入时间		携带工具		出来时间	
姓名		进入时间		携带工具		出来时间	
姓名		进入时间		携带工具		出来时间	

受限空间气体测量记录【由监护人员每半小时测量核查一次】			
测量时间	气体名称	气体含量	测量人员签名
承包人安全监督人员核查			
作业结束时间（由作业负责人填写）			
将此表反馈给承包人 HSE 部门，由 HSE 部门存档			

表 H-3　　　　　　　　　　吊篮作业许可证

承包人		作业负责人		安全监督人员			
作业位置和描述			计划作业时间				
作业目的							
现场审核安全管控措施					承包人业务主管	承包人HSE部门	海上风电项目部作业审批人
人员	（1）人员身体状况良好						
	（2）安全监督人员到场并了解监督重点						
	（3）人员安全带系挂点牢固并独立于吊篮或吊笼						

现场审核安全管控措施		承包人 业务 主管	承包人 HSE 部门	海上风 电项目 部作业 审批人
吊篮	吊篮经现场检查核实符合安全要求。主要检查吊篮无变形、锈蚀，钢丝绳无断丝、锈蚀、永久变形等，上方固定牢固			
吊笼	（1）不得使用人员转运吊笼进行作业			
吊笼	（2）吊笼无变形、锈蚀，钢丝绳无断丝、锈蚀、永久变形等。吊笼防护门完好、可用			
法	（1）人员经安全交底并在交底确认单上签字确认			
法	（2）应急处置措施明确，应急处置流程随身携带			
环境	风速不超过 6 级			
不符合项				
经验反馈				
许可作业 开始时间				

承包人 业务主管部门 签字/日期		承包人 安全监督人员 签字/日期		海上风电项目 部作业审批人 签字/日期	
许可作业结束 时间			作业负责人		
将此表反馈于承包人 HSE 部门，由 HSE 部门存档					

表 H-4　　　　　　　　　　起 重 作 业 许 可 证

承包人		作业负责人		安全监督人员	
塔式起重机 安装、拆除 单位资质		计划作业时间			

现场核查安全管控措施		承包人 业务 主管	承包人 HSE 人员	海上风 电项目 部作业 审批人
人	（1）承包人技术负责人、安全监督人员、作业人员均在现场等待作业许可，并尚未开展作业			
人	（2）核验塔式起重机安装/拆除人员有特殊工种证件，并证件为真，在有效期内			
人	（3）塔式起重机安装/拆除人员合同、保险			
人	（4）安全监督人员全程跟踪			

现场核查安全管控措施		承包人业务主管	承包人HSE人员	海上风电项目部作业审批人
机	辅助起重机第三方检验合格并在有效期限内,辅助起重机现场状态符合安全要求			
法	(1)施工方案经审批合格			
	(2)安装/拆除单位有塔式起重机安装、拆除资质			
	(3)应急预案经报审,应急处置流程张贴于现场警戒区护栏上			
	(4)安全技术交底已开展,所有作业相关人员已在交底记录上签字确认			
环	已建立作业控制区,并采取围挡的方式防止人员进入			
不符合项记录				
经验反馈				
许可作业开始时间				

承包人业务主管部门签字/日期		承包人安全监督人员签字/日期		海上风电项目部作业审批人签字/日期	
许可作业结束时间			作业负责人		
作业许可证由承包人HSE部门存档,存档期限到塔式起重机安全拆除后					

表 H-5 脚手架搭设/拆除作业许可证

承包人		作业负责人		安全监督人员	
脚手架搭设、拆除单位资质		计划作业时间			

现场核查安全管控措施		承包人业务主管	承包人HSE人员	海上风电项目部作业审批人
人	(1)承包人技术负责人、安全监督人员、作业人员均在现场等待作业许可,并尚未开展作业			
	(2)核验脚手架搭设/拆除人员有特殊工种证件,并证件为真,在有效期内			
	(3)脚手架搭设/拆除人员有合同、保险			
	(4)安全监督人员全程跟踪			

续表

现场核查安全管控措施		承包人业务主管	承包人HSE人员	海上风电项目部作业审批人
防坠落措施	（1）作业人员工具有防坠落措施			
	（2）作业人员佩戴五点式安全带，且安全带现场检查符合安全要求			
料	（1）脚手架扣件无裂纹，锈蚀严重，符合安全检查表要求			
	（2）架子管无弯曲，壁厚符合安全检查表要求			
	（3）脚手板符合安全检查表要求			
法	（1）施工方案经审批合格			
	（2）应急预案经报审，应急处置流程张贴于现场警戒区护栏上			
	（3）安全技术交底已开展，所有作业相关人员已在交底记录上签字确认			
环	（1）已建立作业控制区，并采取围挡的方式防止人员进入			
	（2）对于脚手架拆除作业警戒区内有多个出入口时，应确保监护人员能够看到人员进入情况并通告其远离，如不能应增配监护人员或减少出入口			
不符合项记录				
经验反馈				
许可作业开始时间				

承包人业务主管部门签字/日期		承包人安全监督人员签字/日期		海上风电项目部作业审批人签字/日期	
许可作业结束时间		作业负责人			

作业许可证由承包人 HSE 部门存档，存档期限到脚手架拆除后

附 录 I 作 业 指 导 书

表 I-1 风电机组基础—单桩沉桩高风险作业指导书（含稳桩平台安装/拆除、沉桩）

一		作业先决条件检查		
序号	检 查 项	检 查 要 点	承包人HSE人员	发包人工序负责人
1	专项施工方案	（1）通过审批（方案审批页）。 （2）有效版本		
2	安全技术交底	（1）切实开展（会议图片）。 （2）参与作业人员均签字确认（交底单签字栏）		
3	人员管理	（1）特种作业人员持证。（含起重机操作证、指挥司索证、潜水员证、潜水监督证） （2）承包人安全监管人员和作业负责人已明确并在打桩船上		
4	应急预案	（1）通过审批（方案审批页）。 （2）有效版本。 （3）覆盖主要风险（人员伤害、设备损伤等）		
5	设备	（1）打桩锤入场验收合格并有明确的检查、维修制度。 （2）打桩船入场验收合格		

二		稳桩平台就位（如有）				
序号	工序	主要风险	检查标准	起重作业负责人	承包人HSE人员	发包人工序负责人
1	吊索具检查（含钢丝绳、卸扣、专用工具）	起重风险：钢丝绳、卸扣、专用工具因缺陷在起吊过程中断裂	（1）吊索具规格要符合施工方案要求。 （2）钢丝绳、卸扣不符合标准要求（见钢丝绳安全检查标准、卸扣报废标准）。专用工具不符合标准或说明书要求			
2	气象信息预警	起重风险：起重机倾覆、桩掉落、稳桩平台掉落	（1）风速在6级以下（以起重机上风速仪为准）。 （2）有义波高2m波浪周期 T_p≤7s			
3	稳桩平台主结构吊装	起重风险：钢丝绳未挂牢固即起吊，造成平台主结构坠落	起重指挥确认钢丝绳系挂牢固并于起吊离开甲板10cm时进行停顿观察			

序号	工序	主要风险	检查标准	起重作业负责人	承包人HSE人员	发包人工序负责人
4	定位桩翻身入稳桩平台	起重风险：翻身过程中主副吊钩配合不当，致使定位桩坠落。物体打击：液压油管破损，油喷射伤人。触电风险：振动锤电缆破损未发现	（1）起重指挥和司机操作员按照方案要求配合得当。（2）检查确认振动锤电缆、液压油管完好			
5	稳桩平台就位	平台倾斜：定位桩与稳桩平台连接板焊接数量不足或焊接不满足方案要求。淹溺：平台护栏缺失或损坏，人员作业过程中失稳坠落	（1）施工负责人监督焊接作业人员保证连接板焊接数量以及焊接质量。（2）检查护栏完好状态，如护栏损坏应采取系挂安全带或修复护栏的方式进行防护			
三			沉桩			
序号	工序	主要风险	检查要点及标准	起重作业负责人	承包人HSE人员	发包人工序负责人
1	吊索具检查（含钢丝绳、卸扣、专用工具）	起重风险：钢丝绳、卸扣、专用工具因缺陷在起吊过程中断裂	（1）吊索具规格要符合施工方案要求。（2）钢丝绳、卸扣不符合标准要求（见钢丝绳、卸扣报废标准）。专用工具不符合标准或说明书要求			
2	气象信息预警	起重风险：起重机倾覆、桩掉落	（1）风速在6级以下（以起重机上风速仪为准）。（2）有义波高2m波浪周期 $T_p \leqslant 7s$			

序号	工序	主要风险	检查要点及标准	起重作业负责人	承包人HSE人员	发包人工序负责人
3	人员乘坐吊篮到单桩运输船	淹溺：吊篮存在缺陷使用，吊篮超载	（1）按照吊篮上标明荷载人数吊运。 （2）按照吊篮检查标准检查吊篮是否达到报废标准			
4	单桩翻身	起重伤害：桩掉落。运输船翻船	（1）单桩翻身前，人员撤离到吊装半径外。 （2）如使用双机抬吊（单吊负荷不超过80%）。 （3）警戒船负责警戒区域警戒。 （4）单桩在吊离运输船胎架前应先适当在该管桩放置的压载舱加水。管桩起吊时，钩头开始受力直至管桩脱胎的过程中，压载舱持续加水调载，保证运输船左右舷高差在安全范围内			
5	工程桩入龙口	挤压伤害、起重伤害	单桩入龙口时旁侧不得站人			

序号	工序	主要风险	检查要点及标准	起重作业负责人	承包人HSE人员	发包人工序负责人
6	单桩液压锤就位及沉桩	职业病：打桩声音造成噪声聋。 起重伤害：液压锤掉落。 物体打击：液压油管破损，油喷射伤人。 触电风险：液压锤电缆破损未发现。 溜桩	（1）检查作业人员是否配备耳塞或耳罩。 （2）液压锤起吊过程中，人员不得站在下方或通行。 （3）检查确认液压锤电缆、液压油管和油管接口完好。 （4）响锤后人员必须撤离稳桩平台			
7	单桩测量	起重伤害：吊索具缺陷。 淹溺：乘坐平台存在缺陷	（1）检查吊索具是否符合安全要求。 （2）检查乘坐平台稳固性。 （3）测量平台上人员系挂安全带，穿救生衣			
四	稳桩平台拆除（如有）					

序号	工序	主要风险	检查要点及标准	起重作业负责人	承包人HSE人员	发包人工序负责人
1	吊索具检查（含钢丝绳、卸扣、专用工具）	起重风险：钢丝绳、卸扣、专用工具因缺陷在起吊过程中断裂	钢丝绳、卸扣不符合标准要求（见钢丝绳、卸扣报废标准）。专用工具不符合标准或说明书要求			
2	气象信息预警	起重风险：起重机倾覆、桩掉落	（1）风速在6级以下（以起重机上风速仪为准）。 （2）有义波高2m，波浪周期 $T_p \leqslant 7s$			
3	割除稳桩平台与定位桩之间连接板	起重风险：平台结构受力不足80%。 火险：气瓶存在缺陷，无回火器	（1）确保割除时平台受力80%。 （2）作业前检查氧气瓶、乙炔气瓶有效固定，在标定有效期内，安装了回火器，办理了动火作业许可			

189

序号	工序	主要风险	检查要点及标准	起重作业负责人	承包人HSE人员	发包人工序负责人
4	拔除定位桩	起重风险：翻身过程中主副吊钩配合不当，致使定位桩坠落。物体打击：液压油管破损，油喷射伤人。触电风险：振动锤电缆破损未发现	（1）起重指挥和司机操作员按照方案要求配合得当。（2）检查确认振动锤电缆、液压油管完好			
5	稳桩平台拆除	起重风险：人员与稳桩平台同时转移	严禁人员与稳桩平台同时吊运			

表 I-2　　　　风电机组基础—导管架基础施工及就位高风险作业指导书

（含稳桩平台安装/拆除、沉桩、导管架就位）

一	作业先决条件检查（一个机位做一次）				
序号	检 查 项	检 查 要 点		承包人HSE人员	发包人工序负责人
1	专项施工方案	（1）通过审批（方案审批页）。（2）有效版本。（3）有 JSA 分析表			
2	安全技术交底	（1）切实开展（会议图片）。（2）参与作业人员均签字确认。（交底单签字栏）（3）JSA 分析表在交底记录内			
3	人员管理	（1）特种作业人员持证。（含起重机操作证、指挥司索证、潜水员证、潜水监督证）。（2）作业现场（起重船、驳船、辅助船和稳桩平台）的人员必须穿戴安全帽、劳保鞋、劳保服和救生衣。（3）起重前，起重指挥和吊机司机、驳船上的辅助人员已进行通信设备核对，通信畅通。（4）作业负责人和安全监管人员已明确并在打桩船上			
4	应急预案	（1）通过审批。（方案审批页）（2）有效版本。（3）覆盖主要风险（人员伤害、设备损伤等）			

序号	检 查 项	检 查 要 点	承包人HSE人员	发包人工序负责人
5	起重机	（1）浮式起重机年度检测报告合格。起吊前要进行全面检查并空钩试验。（详情可参照浮式起重机安全检查标准）。 （2）稳桩平台无明显结构损坏缺陷。 （3）发电机入场验收合格（承包人提供验收记录）。电缆无破损、损坏。 （4）辅助用履带式起重机入场验收合格（承包人提供验收记录）。 （5）灌浆机入场验收合格并可用（承包人提供验收记录）。 （6）打桩锤入场验收合格		

| 二 | | 浮动式稳桩平台就位（一个机位一次） | | | |

序号	工序	主要风险	检查标准	起重作业负责人	承包人HSE人员	发包人工序负责人
1	吊索具检查（含钢丝绳、卸扣、专用工具）	起重风险：钢丝绳、卸扣、专用工具因缺陷在起吊过程中断裂	（1）吊索具规格要符合施工方案要求。 （2）钢丝绳、卸扣符合检查标准（见钢丝绳安全检查标准、卸扣报废标准）。 （3）专用工具符合标准或说明书要求			

典型隐患图片：

振动锤钢丝绳断丝是否达到报废标准，如有需要立即更换，不得进行吊装

| 2 | 气象信息预警 | 起重风险：起重机倾覆、桩掉落、稳桩平台掉落 | （1）风速在6级以下（以起重机上风速仪为准）。
（2）有义波高 2m；波浪周期 $T_p \leqslant 7s$（各项目根据实际情况填写具体数值） | | | |

序号	工序	主要风险	检查标准	起重作业负责人	承包人HSE人员	发包人工序负责人
3	定位桩就位（含定位桩翻身、定位桩沉桩）	起重伤害：钢丝绳挂钩打结起吊时钢丝绳断裂。起重指挥不当	起重指挥有明显标识并确认司索挂钩准确			
4	稳桩平台就位	起重伤害：钢丝绳挂钩时打结起吊时钢丝绳断裂。起重指挥不当	（1）吊物运转轨迹内无人员、船舶逗留。（2）稳桩平台上方无易滑落、未固定物体			
5	辅助桩就位	起重伤害：定位不准造成二次施工，从而引发更大的起重风险。触电：动火作业使用的电焊机存在缺陷	（1）稳桩平台与浮式起重机有效连接。（2）动火作业办理动火作业许可，相关安全措施得到有效落实			

典型隐患：

护栏缺失，应及时进行修复，在未得到及时修复时，要先使用安全带	气瓶瓶嘴锈蚀严重，不能使用，必须更换	气瓶已过检验期，必须进行更换，不能使用

三			坐底真空式稳桩平台就位（一个机位一次）			
序号	工序	主要风险	检查标准	起重作业负责人	承包人HSE人员	发包人工序负责人
1	吊索具检查（含钢丝绳、卸扣、专用工具）	起重风险：钢丝绳、卸扣、专用工具因缺陷在起吊过程中断裂	（1）吊索具规格要符合施工方案要求。 （2）钢丝绳、卸扣符合检查标准（见钢丝绳安全检查标准、卸扣报废标准）。 （3）专用工具符合标准或说明书要求			
2	气象信息预警	起重风险：起重机倾覆、桩掉落、稳桩平台掉落	（1）风速在6级以下（以起重机上风速仪为准）。 （2）有义波高2m；波浪周期 $T_p \leq 7s$			
3	稳桩平台吊装就位 	起重风险：钢丝绳未挂牢固即起吊，造成平台主结构坠落。 机械伤害：卷扬机钢丝绳出现断丝，在起重过程中断裂崩开伤人	（1）起重指挥确认钢丝绳系挂牢固并于起吊离开甲板10cm时进行停顿观察。 （2）稳桩平台下方不得站人。 （3）卷扬机工作中，对靠近的人员进行清场，严禁跨越卷扬机钢丝绳			
4	稳桩平台抽真空	溺水：潜水作业人员防护不当，发生溺水	按照潜水作业高风险作业控制单进行防护			

注 起重作业负责人全程验证、签字。承包人HSE人员全程验证、签字，发包人工序负责人签字点用√表示，不得少于此签证点。

表Ⅰ-3 风电机组基础—高桩承台施工高风险作业指导书

一		作业先决条件检查		
序号	检 查 项	检 查 要 点	承包人HSE人员	发包人工序负责人
1	专项施工方案	（1）通过审批（方案审批页）。 （2）有效版本		
2	安全技术交底	（1）切实开展（会议图片）。 （2）参与作业人员均签字确认（交底单签字栏）		

序号	检 查 项	检 查 要 点	承包人HSE人员	发包人工序负责人
3	人员资质	（1）特种作业人员持证。（含起重机操作证、指挥司索证、潜水员证、潜水监督证） （2）承包人作业负责人和安全管理人员已明确并到岗		
4	设备	（1）打桩船资料报审完成，入场验收合格（承包人提供验收记录）。 （2）打桩锤进场验收合格，并有检查、维修记录		
5	应急预案	（1）通过审批（方案审批页）。 （2）有效版本。 （3）覆盖主要风险（人员伤害、设备损伤等）		

二			沉桩作业		

序号	工序	主要风险	检查标准	起重作业负责人	承包人HSE人员	发包人工序负责人
1	吊索具检查（含钢丝绳、卸扣、专用工具）	起重风险：钢丝绳、卸扣、专用工具因缺陷在起吊过程中断裂	（1）吊索具规格要符合施工方案要求。 （2）钢丝绳、卸扣不符合标准要求（见钢丝绳、卸扣报废标准）。专用工具不符合标准或说明书要求			
2	气象信息预警	起重风险：起重机倾覆、桩掉落	（1）风速在6级以下（以起重机上风速仪为准）。 （2）涌浪控制在2m以下			
3	沉桩施工船舶锚机检查	锚机刹车失灵：因锚机缺陷在施工过程中存在刹车失灵	加强船机设备日常保养及检查，重点检查刹车系统是否有效			
4	起吊就位	起重风险：起重机倾覆、桩掉落、人员受伤	（1）工程桩移动轨迹不得跨越甲板。 （2）作业人员撤离到安全区域			
5	沉桩	溜桩、船舶碰撞。 职业病：打桩声音造成噪声聋。	（1）响锤时严禁站立在工程桩旁侧的平台上。 （2）戴防护耳塞。 （3）检查确认打桩锤吊索符合安全要求。			

序号	工序	主要风险	检查标准	起重作业负责人	承包人HSE人员	发包人工序负责人
5	沉桩	起重伤害：液压锤掉落。 物体打击：液压油管破损，油喷射伤人。 触电风险：液压锤电缆破损未发现	（4）检查确认液压锤电缆、液压油管和油管接口完好。 （5）工程桩设置警示灯			

标准示意图：

工程桩沉桩完成后要设置警示灯及警示标志，以警示过往船舶

三			割桩			
序号	工序	主要风险	检查标准	起重作业负责人	承包人HSE人员	发包人工序负责人
1	吊装割桩平台	起重伤害：钢丝绳有缺陷使用致使割桩平台掉落。吊装过程割桩平台晃动致使人员受伤	（1）割桩平台应有护栏并固定于平台四周。 （2）作业前必须对钢丝绳进行检查，确认安全可用。（参照钢丝绳检查标准） （3）建立作业控制区，清理甲板上无关作业人员			
2	割桩	高处坠落、淹溺：未系挂安全带在割桩平台空隙处坠落	（1）人员穿救生衣，系挂安全带。 （2）需设置 1 名监督人员。 （3）有动火作业票，落实了动火作业票上相关安全措施			

续表

四	J 型管安装					
序号	工序	序号	工序	序号	工序	序号
1	吊索具检查	起重风险：J型管吊带因缺陷在起吊过程中断裂	（1）吊带规格要符合施工方案要求。 （2）吊带有标识，无表面擦伤、割口、承载芯裸露、化学侵蚀			
2	气象信息预警	起重风险：起重机倾覆、J型管掉落	（1）风速在6级以下（以起重机上风速仪为准）。 （2）有义波高 2m；波浪周 $T_p \leqslant 7s$。 （实际数据由现场项目部修改后使用）			
3	J 型管吊装就位 	起重风险：起吊过程中晃动伤人。作业吊篮有缺陷使用	（1）J型管加揽风绳，并由起重作业人员按要求拉设，设置作业控制区。 （2）检查确认作业吊篮钢丝绳无断丝、磨损、永久变形（参照钢丝绳安全检查表），吊篮吊耳处无开裂、无明显磨损，吊篮护栏能够关严并锁闭以确保作业过程中无人为干涉不能自动打开			

典型隐患：

钢丝绳受力处绳芯挤出，需要进行更换

五	靠船设施安装					
序号	工序	主要风险	检查标准	起重作业负责人	承包人HSE人员	发包人工序负责人
1	吊索具检查	起重风险：吊带因缺陷在起吊过程中断裂	（1）吊带规格要符合施工方案要求。（2）吊带有标识，无表面擦伤、割口、承载芯裸露、化学侵蚀			√
2	气象信息预警	起重风险：靠船设施掉落	（1）风速在6级以下（以起重机上风速仪为准）。（2）有义波高2m；波浪周期 $T_p \leqslant 7s$（由现场项目部设置具体值）			√
3	靠船设施吊装	起重风险：未设置揽风绳起吊时吊物晃动伤人。淹溺：吊笼有缺陷致使人员坠落	（1）靠船设施加揽风绳，并由起重作业人员按要求拉设，设置作业控制区。（2）载人吊笼为合格产品，经检查无明显结构损坏			√
六	钢套箱吊装					
序号	工序	主要风险	检查标准	起重作业负责人	承包人HSE人员	发包人工序负责人
1	吊索具检查	起重风险：钢丝绳因缺陷在起吊过程中断裂	（1）钢丝绳规格要符合施工方案要求。（2）钢丝绳有标识，良好可用。参考钢丝绳检查标准检查			√
2	气象信息预警	起重风险：起重机倾覆、钢套箱掉落	（1）风速在6级以下（以起重机上风速仪为准）。（2）浪涌控制在2m以下			√
3	钢套箱吊装	起重风险：未设置揽风绳起吊时吊物晃动伤人。淹溺：人员未系挂安全带坠落	（1）钢套箱加揽风绳，并由起重作业人员按要求拉设，设置作业控制区。（2）作业人员安全绳需独立于钢套箱			√

序号	工序	主要风险	检查标准	起重作业负责人	承包人HSE人员	发包人工序负责人
	安全绳挂点需独立于钢套箱，不得将安全带直接系挂在护栏上		割桩平台需设置护栏			

七	承台下部混凝土施工、挑梁拆除					
序号	工序	主要风险	检查标准	起重作业负责人	承包人HSE人员	发包人工序负责人
1	吊装索具检查	起重风险：钢丝绳因缺陷在起吊过程中断裂	（1）钢丝绳规格要符合施工方案要求。 （2）钢丝绳有标识，良好可用。参考钢丝绳检查标准检查			
2	临时用电检查	触电风险	（1）现场施工用电严格执行"一机一闸一漏"。 （2）电缆绝缘破损、裸露不得使用，禁止电缆泡水。 （3）电箱管理须符合要求（上锁，张贴责任信息牌，接线图、安全标志）。 （4）用电设施/设备安装漏电保护装置，外壳保护接零			
3	混凝土浇筑	环境污染：浆液泄漏入海。物体打击：软管破裂，浆液冲出伤人	检查确认软管连接可靠			
4	挑梁拆除	物体打击：挑梁下降过程牵引绳断裂，挑梁摆动伤人。淹溺：钢套箱外侧加挂吊绳人员落水	（1）检查确认挑梁吊绳符合施工方案要求，螺栓连杆拆除。 （2）挑梁增加揽风绳，并由起重作业人员按要求拉设，设置作业控制区。 （3）起重指挥信号明确			

续表

八	螺栓组合件、基础环安装					
序号	工序	主要风险	检查标准	起重作业负责人	承包人HSE人员	发包人工序负责人
1	吊装索具检查	起重风险：钢丝绳因缺陷在起吊过程中断裂	（1）钢丝绳规格要符合施工方案要求。（2）钢丝绳有标识，良好可用。参考钢丝绳检查标准检查			√
2	临时用电检查	触电风险	现场施工用电严格执行"一机一闸一漏"；电缆绝缘破损、裸露不得使用，禁止电缆泡水；电箱管理须符合要求（上锁，张贴责任信息牌，接线图、安全标志）；用电设施/设备安装漏电保护装置，外壳保护接零			√
3	螺栓组合件、基础环吊装	起重风险：未设置揽风绳起吊时吊物晃动伤人；起重信号不明确导致基础环碰伤	基础环加揽风绳，并由起重作业人员按要求拉设，设置作业控制区。起重指挥信号明确			√
4	基础环焊接	触电风险：焊机导线绝缘破损引发触电	焊材符合施工方案要求；焊机绝缘符合要求，电缆绝缘破损、裸露不得使用			√
九	承台上部混凝土施工					
序号	工序	主要风险	检查标准	起重作业负责人	承包人HSE人员	发包人工序负责人
1	临时用电检查	触电风险：导线绝缘破损引发触电；火灾：电箱负荷过高引发火灾	现场施工用电严格执行"一机一闸一漏"；电缆绝缘破损、裸露不得使用，禁止电缆泡水；电箱管理须符合要求（上锁，张贴责任信息牌，接线图、安全标志）；用电设施/设备安装漏电保护装置，外壳保护接零			

序号	工序	主要风险	检查标准	起重作业负责人	承包人HSE人员	发包人工序负责人
2	钢筋绑扎	人员坠落：钢套箱内施工人员高处坠落；危险化学品火灾：钢套箱内空间受限致使危险化学品安全距离不足引发火灾或爆炸	钢套箱内高处作业平台搭设牢固，工人高处作业防护措施到位；危化品气瓶保障安全使用距离			
3	混凝土浇筑	环境污染：浆液泄漏入海。物体打击：软管破裂，浆液冲出伤人	检查确认软管连接可靠			√
十	钢套箱拆除					
序号	工序	主要风险	检查标准	起重作业负责人	承包人HSE人员	发包人工序负责人
1	吊索具检查	起重风险：钢丝绳因缺陷在起吊过程中断裂	（1）钢丝绳规格要符合施工方案要求。（2）钢丝绳有标识，良好可用。参考钢丝绳检查标准检查			√
2	气象信息预警	起重风险：起重机倾覆、钢套箱掉落	（1）风速在6级以下（以起重机上风速仪为准）。（2）浪涌控制在2m以下			√
3	钢套箱拆除	起重风险：未设置揽风绳起吊时吊物晃动伤人。淹溺：吊笼有缺陷致使人员坠落	（1）钢套箱加揽风绳，并由起重作业人员按要求拉设，设置作业控制区。（2）起重指挥信号明确。（3）载人吊笼为合格产品，经检查无明显结构损坏			√

注　作业负责人和承包人HSE人员全程签字验证，发包人工序负责人按照已设的验证点验证。

表I-4 风电机组安装高风险作业指导书

一	作业先决条件检查（每个机位做一次）				
序号	检 查 项	检 查 要 点	承包人作业负责人	承包人HSE部门	发包人工序负责人
1	专项施工方案	（1）通过专家评审及审批（方案审批页）。 （2）有效版本			
2	安全技术交底	（1）切实开展（会议图片）。 （2）参与作业人员均签字确认（交底单签字栏）			
3	人员资质	特种作业人员持证(含起重司索、指挥,电工)			
4	应急预案	（1）通过审批（方案审批页）。 （2）有效版本。 （3）覆盖主要风险（人员伤害、设备损伤等）			
5	设备	（1）起重船入场验收合格（承包人提供验收记录）。 （2）吊篮、钢引桥（如有）可用			
6	组织	成立风电机组吊装专项组织,明确负责人、各方联络人,及所有人员通讯录			
7	作业许可	取得活动地海事管理机构颁发的水上水下活动许可证,且许可证在有效期内			

二	起重船定位					
序号	工序	主要风险	检查要点及标准	承包人作业负责人	承包人HSE部门	发包人工序负责人
1	起重船定位插桩	起重船损坏:插桩时下方有障碍物、插桩深度不足	（1）扫海确认无障碍物影响插桩。 （2）核实实际插桩深度应与方案匹配			

三	塔筒吊装					
序号	工序	主要风险	检查要点及标准	承包人作业负责人	承包人HSE部门	发包人工序负责人
1	吊索具检查（含钢丝绳、吊带、卸扣、专用工具、高强螺栓）	起重风险:钢丝绳、卸扣、专用工具等因缺陷在起吊过程中断裂	（1）确认吊索具型号、规格符合吊索具清单。 （2）吊索具满足标准要求（见钢丝绳、卸扣报废标准）			

序号	工序	主要风险	检查要点及标准	承包人作业负责人	承包人HSE部门	发包人工序负责人
2	气象信息预警	起重风险：起重机倾覆、塔筒掉落	（1）风速在10m/s以下（以起重机上风速仪为准）。 （2）有义波高2m，波浪周期 $T_p \leqslant 7s$			
3	底塔筒挂钩及起吊	高处落物：连接螺栓和工机具未固定。 起重伤害：挂钩不牢固	连接螺栓和其他工机具固定牢固，挂钩牢固，起重指挥予以确认后方可起吊			
4	底塔筒就位	风电机组倒塌：连接螺栓未按照厂家要求进行分步拧矩或力矩不足。 质量风险：底塔筒错位安装	（1）作业负责人监督施工人员严格按照方案要求紧固螺栓力矩并做好防松标记。 （2）调整底塔筒安装方位，确保塔内法兰标记位置与过渡段门方向一致			
5	第二节、第三节、第四节塔筒挂钩	高处坠落：作业平台搭设不合格，人员未系挂安全带。 高处落物：连接螺栓和工机具未固定。 起重伤害：挂钩不牢固	（1）作业平台应经验收合格，高处作业人员系挂安全带。 （2）连接螺栓和其他工机具固定牢固，挂钩牢固，起重指挥予以确认后方可起吊			
6	第二节、第三节、第四节塔筒翻身	设备损坏：起吊高度不够即开始翻身造成塔筒底部磕碰。 起重伤害：双机抬吊协调不到位	（1）起吊高度必须达到3m及以上时才开始翻身。 （2）起重指挥统一指挥、统一协调，双机同步作业。单机载荷率不超过80%			

序号	工序	主要风险	检查要点及标准	承包人作业负责人	承包人HSE部门	发包人工序负责人
7	第二节、第三节、第四节塔筒就位	风电机组倒塌：连接螺栓未按照厂家要求进行分步拧矩或力矩不足	作业负责人监督施工人员严格按照方案要求紧固螺栓力矩并做好防松标记			
四			主机吊装			
序号	工序	主要风险	检查要点及标准	承包人作业负责人	承包人HSE部门	发包人工序负责人
1	吊索具检查（含钢丝绳、吊带、卸扣、专用工具、高强螺栓）	起重风险：钢丝绳、卸扣、专用工具等因缺陷在起吊过程中断裂	（1）确认吊索具型号、规格符合吊索具清单。（2）吊索具满足标准要求（见钢丝绳、卸扣报废标准）			
2	气象信息预警	起重风险：起重机倾覆、塔筒掉落	（1）风速在 10m/s 以下（以起重机上风速仪为准）。（2）有义波高 2m，波浪周期 $T_p \leq 7s$			
3	主机挂钩	高处落物：连接螺栓和工机具未固定	（1）连接螺栓和其他工机具固定牢固，挂钩牢固，起重指挥予以确认后方可起吊。（2）设置揽风绳			
4	主机就位	风电机组倒塌：连接螺栓未按照厂家要求进行分步拧矩或力矩不足	（1）作业负责人监督施工人员严格按照方案要求紧固螺栓力矩并做好防松标记。（2）紧固力矩达到方案要求后方可解钩			

五	叶轮组装					
序号	工序	主要风险	检查要点及标准	承包人作业负责人	承包人HSE部门	发包人工序负责人
1	吊索具检查（含钢丝绳、吊带、卸扣、专用工具、高强螺栓）	起重风险：钢丝绳、卸扣、专用工具等因缺陷在起吊过程中断裂	（1）确认吊索具型号、规格符合吊索具清单。 （2）吊索具满足标准要求（见钢丝绳、卸扣报废标准）			
2	气象信息预警	起重风险：起重机倾覆、塔筒掉落	（1）风速在 10m/s以下（以起重机上风速仪为准）。 （2）有义波高 2m，波浪周期 $T_p \leqslant 7s$			
3	焊接轮毂工装	火险 设备损坏：轮毂焊接不牢，叶片组装时叶片受损	（1）办理动火证。 （2）清除周边易燃物			
4	叶片组对 	起重风险：双机抬吊配合不当。 设备损坏：连接螺栓未按照厂家要求进行分步拧矩或力矩不足	（1）起重指挥确保通信畅通，双机驾驶员在作业过程中严格按照指令行动。 （2）作业负责人监督施工人员严格按照方案要求紧固螺栓力矩并做好防松标记。 （3）紧固力矩达到方案要求后方可解钩			
六	叶轮吊装					
序号	工序	主要风险	检查要点及标准	承包人作业负责人	承包人HSE部门	发包人工序负责人
1	吊索具检查（含钢丝绳、吊带、卸扣、专用工具、高强螺栓）	起重风险：钢丝绳、卸扣、专用工具等因缺陷在起吊过程中断裂	（1）确认吊索具型号、规格符合吊索具清单。 （2）吊索具满足标准要求（见钢丝绳、卸扣报废标准）			
2	气象信息预警	起重风险：起重机倾覆、塔筒掉落	（1）风速在 10m/s以下（以起重机上风速仪为准）。 （2）有义波高 2m，波浪周期 $T_p \leqslant 7s$			

序号	工序	主要风险	检查要点及标准	承包人作业负责人	承包人HSE部门	发包人工序负责人
3	叶轮翻身 	设备损坏：叶片未设置揽风绳，吊装过程中叶片摆动旋转，造成叶片损坏。 起重伤害：翻身过程中两台起重机配合不当，造成起重伤害	（1）每个叶片的叶尖侧布置揽风绳，防止吊装过程中出现巨大摆动及旋转。 （2）起重指挥密切跟踪，保持与驾驶员通信畅通			
4	叶轮就位 	设备损坏：连接螺栓未按照厂家要求进行分步拧矩或力矩不足	（1）作业负责人监督施工人员严格按照方案要求紧固螺栓力矩并做好防松标记。 （2）紧固力矩达到方案要求后方可解钩			

表I-5　　　　　风电机组安装高风险作业指导书（单叶片吊装适用）

一		作业先决条件检查（每个机位做一次）				
序号	检查项	检查要点		承包人作业负责人	承包人HSE部门	发包人工序负责人
1	专项施工方案	（1）通过专家评审及审批（方案审批页）。 （2）有效版本				
2	安全技术交底	（1）切实开展（会议图片）。 （2）参与作业人员均签字确认。（交底单签字栏）。 （3）对安装人员做关于单叶片设备安装和使用相关培训。 （4）电梯厂家对使用人员进行操作培训				
3	人员资质	（1）特种作业人员持证（含起重指挥、电工）。 （2）单叶片吊具操作人员需要经过培训和授权				

序号	检查项	检查要点	承包人作业负责人	承包人HSE部门	发包人工序负责人
4	工机具、吊索具	力矩泵、液压泵及配套的压力表等已检定校验完成。工机具、仪器仪表、吊索具等报审文件已审批完成			
5	应急预案	(1) 通过审批(方案审批页)。 (2) 有效版本。 (3) 覆盖主要风险(人员伤害、设备损伤等)			
6	设备	(1) 起重船入场验收合格(承包人提供验收记录)。 (2) 吊篮、钢引桥(如有)可用			
7	组织	成立风电机组吊装专项组织,明确负责人,各方联络人,以及所有人员通讯录			
8	作业许可	取得活动地海事管理机构颁发的水上水下活动许可证,且许可证在有效期内			
9	船用起重机安全检查	按照船用起重机安全检查标准对起重机进行安全检查,并作为先决条件			
二		施工船就位			

序号	工序	主要风险	检查要点及标准	承包人作业负责人	承包人HSE部门	发包人工序负责人
1	起重船定位插桩	起重船损坏、失稳:插桩时下方有障碍物、插桩深度不足、桩腿穿刺等	(1) 扫海确认无障碍物影响插桩。 (2) 核实实际插桩深度与应方案匹配。 (3) 严格按照《自升式平台插拔桩腿作业控制单》执行			
三		塔筒吊装				

序号	工序	主要风险	检查要点及标准	承包人作业负责人	承包人HSE部门	发包人工序负责人
1	吊索具检查(含钢丝绳、吊带、卸扣、专用工具、高强螺栓)	起重风险:钢丝绳、卸扣、专用工具等因缺陷在起吊过程中断裂	(1) 确认吊索具型号、规格符合吊索具清单。 (2) 吊索具满足标准要求(见钢丝绳、卸扣报废标准)			

序号	工序	主要风险	检查要点及标准	承包人作业负责人	承包人HSE部门	发包人工序负责人
2	气象信息预警	起重风险：起重机倾覆、塔筒掉落	（1）风速在 10m/s 以下（以起重机上风速仪为准）。 （2）有义波高 2m，波浪周期 $T_p \leq 7s$			
3	基础检查及转序	风电机组倒塌：基础法兰水平度超标会导致风机倾斜倒塌	基础法兰水平度复测： （1）桩顶法兰水平度偏差≤3‰，可进行风电机组安装； （2）若桩顶法兰水平度偏差>3‰，需报监理单位、委托建设管理单位、建设单位和设计单位，进行专门研究处理，处理完毕后方可进行风电机组安装			
4	基础法兰上涂抹密封胶 	质量风险：密封胶涂抹不到位会导致塔筒法兰进水，螺栓生锈	在基础法兰螺栓孔与法兰内外边缘中间位置涂抹 2 圈密封胶，同时在法兰孔之间涂抹硅胶连接内外圈形成"口"字形。硅胶宽度不超过法兰对接面边界，连续无断点。密封位置紧靠法兰通孔。密封胶宽度为 3~5mm			
5	底塔筒挂钩及起吊 	高处落物：连接螺栓和工机具未固定。起重伤害：挂钩不牢固。吊座螺栓未达到力矩值2000N·m。起重伤害：确认吊带在滑车沟槽内	（1）连接螺栓和其他工机具固定牢固，挂钩牢固，吊座螺栓已拧紧至力矩值2000N·m，吊带在滑车沟槽内，起重指挥予以确认后方可起吊。 （2）下降过程中注意塔筒门、内爬梯和动力电缆夹板的正确位置；用缆风绳调节塔筒角度；注意门相对塔基的方位			
6	底塔筒就位	风电机组倒塌：连接螺栓未按照厂家要求进行分步拧矩或力矩不足。	（1）塔筒内作业劳保用品需穿戴整齐，爬梯攀爬需佩戴安全带。 （2）调整底塔筒安装方位，确保塔内法兰标记位置与过渡段门方向一致。 （3）塔筒就位前，起重			

续表

序号	工序	主要风险	检查要点及标准	承包人作业负责人	承包人HSE部门	发包人工序负责人
6		质量风险：底塔筒错位安装。 人员坠落：人员攀爬爬梯未佩戴安全带。 人员受伤：塔筒就位瞬间，人员未撤离法兰面	指挥应确认施工人员撤离到法兰外后方可通知吊机司机落钩。 （4）底法兰螺栓力矩值为12688N·m，底法兰所有连接螺栓用2000N·m电动扳手交叉拧紧后即可摘钩。 （5）按照十字对角顺序紧固所有螺栓，所有螺栓完成60%额定力矩值后进行下段塔筒吊装。 （6）分60%、80%、100%三次紧固螺栓；力矩紧固完成后检测塔筒连接法兰处无间隙。作业负责人监督施工人员严格按照方案要求紧固螺栓力矩并做好防松标记。 （7）如果不能按照要求（24小时内）达到最终力矩，须立即停止安装			
7	中段、顶段塔筒挂钩 	高处坠落：作业平台搭设不合格，人员未系挂安全带。 高处落物：连接螺栓和工机具未固定，内平台连接螺栓松动、断裂。 高处落物：电缆绑扎不牢、麻绳不结实。 起重伤害：挂钩不牢固	（1）作业平台应经验收合格，高处作业人员系挂安全带。 （2）清理塔筒上法兰面上的杂物，并涂平面密封胶1587，直径约3～5mm，要求胶条不间断。并用记号笔在塔筒法兰内侧做零位（钢印或红线标识的地方）引出标记线。 （3）连接螺栓和其他工机具固定牢固，挂钩牢固，内平台连接螺栓无松动、断裂，电缆绑扎牢固，麻绳可靠，起重指挥予以确认后方可起吊			

序号	工序	主要风险	检查要点及标准	承包人作业负责人	承包人HSE部门	发包人工序负责人
8	中段、顶段塔筒翻身 	设备损坏：起吊高度不够即开始翻身，造成塔筒底部磕碰。 起重伤害：双机抬吊协调不到位	（1）起吊高度必须达到3m及以上时才开始翻身。 （2）起重指挥统一指挥、统一协调，双机同步作业。单机载荷率不超过80%			
9	中段、顶段塔筒就位 	风电机组倒塌：连接螺栓未按照厂家要求进行分步拧矩或力矩不足。 连接螺纹未达到风电机组厂家摘钩力矩条件摘钩	（1）中上段螺栓力矩值为12688N·m，当第一段塔筒螺栓预紧力矩至额定值60%时，即可进行第二段塔筒吊装。 （2）法兰所有连接螺栓用2000N·m电动扳手交叉拧紧后即可摘钩。按照十字对角顺序紧固所有螺栓，所有螺栓完成60%额定力值后进行下段塔筒吊装。 （3）分60%、80%、100%三次紧固螺栓；力矩紧固完成后检测塔筒连接法兰处无间隙。作业负责人监督施工人员严格按照方案要求紧固螺栓力矩并做好防松标记。严格按照风电机组安装厂家指导文件执行。 （4）顶段塔筒吊装安装后，机舱应在12小时内完成吊装。若不能在12小时内压机舱应拆下顶段塔筒，或选择不吊装顶段塔筒			
四	主机吊装					
序号	工序	主要风险	检查要点及标准	承包人作业负责人	承包人HSE部门	发包人工序负责人
1	吊索具检查（含钢丝绳、吊带、卸扣、专用工具、高强螺栓）	起重风险：钢丝绳、卸扣、专用工具等因缺陷在起吊过程中断裂	（1）确认吊索具型号、规格符合吊索具清单。 （2）吊索具满足标准要求（见吊带、钢丝绳、卸扣报废标准）			

续表

序号	工序	主要风险	检查要点及标准	承包人作业负责人	承包人HSE部门	发包人工序负责人
2	气象信息预警（机舱起吊前及时更新气象信息）	起重风险：起重机倾覆、塔筒掉落	（1）风速在 10m/s 以下（以起重机上风速仪为准）。 （2）有义波高 2m，波浪周期 $T_p \leq 7s$			
3	主机起吊 	高处落物：连接螺栓和工机具未固定	（1）当所有塔筒螺栓预紧力矩至少达到额定值 80% 时，才可进行机舱吊装。 （2）将 M42×590-10.9 双头螺栓拧入机舱连接法兰，带内六角孔端朝外，螺栓外露长度 400mm±1mm（可以在螺栓上提前做好标识）。 （3）预留 3 颗螺栓不安装作为机舱安装定位销孔位，3 孔间隔角度约为 120°，便于机舱安装。 （4）连接螺栓和其他工机具固定牢固，挂钩牢固，起重指挥予以确认后方可起吊。 （5）设置揽风绳			
4	主机就位 	风机倒塌：连接螺栓未按照厂家要求进行分步拧矩或力矩不足	（1）用 2000N·m 电动扳手对称预紧，完成所有连接螺栓紧固后吊车可以逐步卸载，完成 80%额定拉伸值后可以摘钩。 （2）顶段塔筒与机舱连接螺栓力矩值为 774kN。作业负责人监督施工人员严格按照方案要求紧固螺栓力矩并做好防松标记			
五	轮毂吊装					
序号	工序	主要风险	检查要点及标准	承包人作业负责人	承包人HSE部门	发包人工序负责人
1	吊索具检查（含钢丝绳、吊带、卸扣、专用工具、高强螺栓）	起重风险：钢丝绳、卸扣、专用工具等因缺陷在起吊过程中断裂	（1）确认吊索具型号、规格符合吊索具清单。 （2）吊索具满足标准要求（见钢丝绳、卸扣报废标准）			

序号	工序	主要风险	检查要点及标准	承包人作业负责人	承包人HSE部门	发包人工序负责人
2	气象信息预警	起重风险：起重机倾覆、塔筒掉落	（1）风速在 10m/s 以下（以起重机上风速仪为准）。（2）有义波高 2m，波浪周期 $T_p{\leq}7s$			
3	轮毂挂钩	高处落物：连接螺栓和工机具未固定	（1）轮毂吊装前确保塔筒连接螺栓、塔筒与机舱连接螺栓完成第一遍100%额定值（力矩/拉伸）预紧。（2）连接螺栓和其他工机具固定牢固，挂钩牢固，起重指挥予以确认后方可起吊。（3）设置揽风绳			
4	机舱与轮毂组装	轮毂跌落：连接螺栓未按照厂家要求进行分步拧矩或力矩不足	（1）按照额定力矩值的80%进行拧紧（80%约11000N·m），98颗螺栓预紧后，吊车松钩，锁紧风轮锁，人员做好安全防护，穿戴好防护用具进入轮毂摘除风轮吊具。（2）人员撤离轮毂，松开高速制动盘和风轮锁。通过盘车将剩余螺栓按60%、80%、100%拧紧至额定力矩值14295N·m。作业负责人监督施工人员严格按照方案要求紧固螺栓力矩，并做好防松标记			
六	叶片吊装					
序号	工序	主要风险	检查要点及标准	承包人作业负责人	承包人HSE部门	发包人工序负责人
1	吊装前检查（含单叶片吊具吊索具检查，含钢丝绳、吊带、卸扣、专用工具等）	起重风险：钢丝绳、卸扣、专用工具等因缺陷在起吊过程中断裂。	（1）吊装前检查吊具结构无缺陷。（2）载荷及厂商标识清晰可辨。（3）吊装前检查吊具完整性，吊带及卸扣等完好。（4）螺栓等紧固件安装可靠。			

序号	工序	主要风险	检查要点及标准	承包人作业负责人	承包人HSE部门	发包人工序负责人
1	吊装前检查（含单叶片吊具吊索具检查，含钢丝绳、吊带、卸扣、专用工具等）	起重风险：单叶片吊具发电机故障、遥控器故障	（5）吊耳环体能够自由转动无卡滞。 （6）销轴传感器、压力传感器、限位开关线连接良好。 （7）首支叶片吊装作业前检查发电机柴油已加满。 （8）压板橡胶垫块表面清洁、干净。 （9）遥控器电池及备用电池电量充足。 （10）液压系统能正常工作。 （11）应急电缆已通过细绳拉至机舱内。 （12）能正常使用遥控器远程启动发电机。 （13）遥控器上所有功能按钮正常工作。 （14）叶片吊带规格与叶片匹配。 （15）所有轴端挡板安装已紧固			
2	气象信息预警	起重风险：起重机倾覆、塔筒掉落	（1）风速在8m/s以下（以起重机上风速仪为准）。 （2）有义波高2m，波浪周期 $T_p \leqslant 7s$			
3	叶片吊装	设备损坏：未安装垫高装置或夹具滑动，导致叶片损坏；叶片未设置揽风绳，吊装过程中叶片摆动旋转，造成叶片损坏。叶片与轮毂连接螺栓未按照厂家要求进行分步拧矩或力矩不足。	（1）叶根法兰不涂抹平面密封胶，连接螺栓和螺母接触面涂抹 MoS_2。 （2）揽风系统缆绳安装到位。 （3）单叶片吊具的重心位置与叶片的重心位置重合。 （4）操纵遥控器使压爪与叶片贴合。 （5）遥控器操作叶根和叶尖压紧，观察操作屏幕油缸到位指示灯。 （6）拆除叶片支架并做好叶片的安装准备。 （7）检查遥控器参数、夹块接触面积、夹持范围、			

序号	工序	主要风险	检查要点及标准	承包人作业负责人	承包人HSE部门	发包人工序负责人
3	叶片吊装	起重伤害：吊装过程中，造成起重伤害	重心位置正常后，松开叶片工装，缓慢提升叶片，此时注意叶根叶尖应水平。当叶根叶尖完全脱离运输支架，稳定 3～5min 观察叶片姿态。调整叶片姿态，观察吊具水平或观察控制器参数轴线方向为 0°，纵向方向为 0°。 （8）叶片提升至脱钩前须注意遥控器参数是否正常、观察叶片有无倾斜。 （9）叶片 0 位和变桨轴承 0 位正对时，将叶片螺栓插入变桨轴承螺栓孔。迅速手动拧紧螺母。此处可通过偏航、变桨进行角度调整。在叶片螺栓插入变桨轴承孔后严禁使用吊具进行角度调整。 （10）使用中空扳手按 80%、100% 紧固至 1500 N·m。97 颗螺栓预紧后吊车松钩。叶片与轮毂连接螺栓力矩值为 589kN。 （11）叶片螺栓紧固至可摘钩状态，单叶片吊具叶尖和叶根压紧油缸收缩，夹爪缓缓脱离叶片，待夹爪完全脱离后，指挥吊车将单叶片吊具远离叶片，进行下一只叶片吊装。 （12）当三支叶片装配完成后，应在 12 小时内将剩余螺栓拉伸至额定值			
4	叶片吊装完成和吊具转场		（1）同时按住遥控器使能＋发电机关闭按钮 5s，远程关闭发电机，按下遥控器急停按钮。 （2）关闭控制柜侧面的主电源开关及蓄电池开关。 （3）按下发电机急停按钮，关闭发电机；吊具如果长时间不用，需要关闭发电机电池开关（位于发			

序号	工序	主要风险	检查要点及标准	承包人作业负责人	承包人HSE部门	发包人工序负责人
4	叶片吊装完成和吊具转场		电机电池旁红色开关）。 （4）拆除吊具上的吊带、卸扣，并清点物料，装在周转箱中。 （5）吊把吊具恢复至运输姿态，用于转场或储存。发电机、电控柜和液压站等部件用防雨布遮盖固定			

表 I-6　　　　　　　　海上升压站基础施工高风险作业指导书

一	作业先决条件检查			
序号	检 查 项	检 查 要 点	承包人HSE人员	发包人工序负责人
1	专项施工方案	（1）通过专家评审及审批（方案审批页）。 （2）有效版本		
2	安全技术交底	（1）切实开展（会议图片）。 （2）参与作业人员均签字确认（交底单签字栏）		
3	人员资质	特种作业人员持证（含起重司索、指挥；电工）		
4	应急预案	（1）通过审批（方案审批页）。 （2）有效版本。 （3）覆盖主要风险（人员伤害、设备损伤等）		
5	设备	（1）起重船入场验收合格（承包人提供验收记录）。 （2）吊篮可用		
6	组织	成立吊装专项组织，明确负责人、各方联络人，以及所有人员通讯录		
7	作业许可	取得活动地海事管理机构颁发的水上水下活动许可证，且许可证在有效期内		
二	导管架沉放			

序号	工序	主要风险	检查标准	起重作业负责人	承包人HSE人员	发包人工序负责人
1	吊索具检查（含钢丝绳、卸扣、专用工具）	起重风险：钢丝绳、卸扣、专用工具因缺陷在起吊过程中断裂	（1）吊索具规格要符合施工方案要求。 （2）钢丝绳、卸扣应符合标准要求。专用工具不符合标准或说明书要求			

序号	工序	主要风险	检查标准	起重作业负责人	承包人HSE人员	发包人工序负责人
2	气象信息预警	起重风险：起重机倾覆、桩掉落	（1）风速在6级以下（以起重机上风速仪为准）。（2）有义波高2m，波浪周期 $T_p \leqslant 7s$			
3	导管架挂钩	起重伤害：中心线不对齐和不设揽风绳，可能会在起吊时造成船舶、人员伤害	（1）导管架中心线与吊机中心线对齐。（2）布置两根揽风绳。一根缆风绳一端固定在导管架上顶面；另一端与起重船上的卷扬机相连，提供拉力			
4	导管架起吊	起重伤害	导管架定位准确			
三			钢管桩沉桩			
1	吊索具检查（含钢丝绳、卸扣、专用工具）	起重风险：钢丝绳、卸扣、专用工具因缺陷在起吊过程中断裂	（1）吊索具规格要符合施工方案要求。（2）钢丝绳、卸扣应符合标准要求。专用工具不符合标准或说明书要求			
2	气象信息预警	起重风险：起重机倾覆、桩掉落	（1）风速在6级以下（以起重机上风速仪为准）。（2）有义波高2m，波浪周期 $T_p \leqslant 7s$			
3	钢管桩插桩、稳桩	起重风险：挂钩未稳定后就起吊。高处坠落：人员未系挂安全带	（1）拉设揽风绳。（2）起重指挥确认挂钩稳定后起吊			
四			沉桩			
序号	工序	主要风险	检查要点及标准	起重作业负责人	承包人HSE人员	发包人工序负责人
1	吊索具检查（含钢丝绳、卸扣、专用工具）	起重风险：钢丝绳、卸扣、专用工具因缺陷在起吊过程中断裂	（1）吊索具规格要符合施工方案要求。（2）钢丝绳、卸扣应符合标准要求。专用工具不符合标准或说明书要求			

续表

序号	工序	主要风险	检查要点及标准	起重作业负责人	承包人HSE人员	发包人工序负责人
2	气象信息预警	起重风险：起重机倾覆	（1）风速在6级以下（以起重机上风速仪为准）。（2）有义波高2m，波浪周期 $T_p \leqslant 7s$			
3	沉桩	触电：电缆破损使用。环境污染：液压油管泄漏。起重伤害：涌浪过大继续打桩	（1）作业前检查电缆、液压油管完好性。（2）涌浪过大，停止打桩			
五	导管架灌浆					
序号	工序	主要风险	检查要点及标准	起重作业负责人	承包人HSE人员	发包人工序负责人
1	灌浆设施连接及就位	物体打击：软管连接不稳固，作业过程中脱落，泥浆喷出伤人及造成环境污染	（1）灌浆设备经检查完好。（2）施工负责人确认灌浆软管处于良好状态及连接可靠。（3）建立施工控制区，进行隔离和设置监护人			
2	履带式起重机作业	起重风险：人员操作不当和起重指挥不明确。履带式起重机固定不牢	（1）明确起重指挥。（2）履带式起重机与船体进行了有效固定。（3）吊索具经检查合格			

表I-7　　　　海上升压站吊装就位高风险作业指导书

一	作业先决条件检查		承包人HSE人员	发包人工序负责人
序号	检查项	检查要点		
1	专项施工方案	（1）通过专家评审及审批（方案审批页）。（2）有效版本		
2	安全技术交底	（1）切实开展（会议图片）。（2）参与作业人员均签字确认（交底单签字栏）		

序号	检 查 项	检 查 要 点	承包人HSE人员	发包人工序负责人
3	人员资质	（1）特种作业人员持证。（含起重司索、指挥；电工）。 （2）高处作业人员持基本攀爬与救援培训证书		
4	应急预案	（1）通过审批（方案审批页）。 （2）有效版本。 （3）覆盖主要风险（人员伤害、设备损伤等）		
5	设备	（1）起重船入场验收合格（承包人提供验收记录）。 （2）吊篮、钢引桥（如有）可用		
6	组织	成立吊装专项组织，明确负责人、各方联络人，以及所有人员通讯录		
7	作业许可	取得活动地海事管理机构颁发的水上水下活动许可证，且许可证在有效期内		

二			导管架沉放			

序号	工序	主要风险	检查标准	起重作业负责人	承包人HSE人员	发包人工序负责人
1	吊索具检查（含钢丝绳、卸扣、专用工具）	起重风险：钢丝绳、卸扣、专用工具因缺陷在起吊过程中断裂	（1）吊索具规格要符合施工方案要求。 （2）钢丝绳、卸扣应合符标准要求。专用工具不符合标准或说明书要求			
2	气象信息预警	起重风险：起重机倾覆、桩掉落	（1）风速在6级以下（以起重机上风速仪为准）。 （2）浪涌控制在0.8m以下。波浪周期 $T_p \leq 7s$			
3	升压站挂钩	高处坠落：人员挂钩未系挂安全带。工具未固定	（1）系挂安全带。 （2）确认升压站固定工装全部拆除后方可起吊。 （3）拉设揽风绳。 （4）办理动火作业许可并落实防火措施。 （5）放在升压站上的工具、物品要进行有效固定。关好各平台层的门			
4	升压站就位	起重伤害：浮式起重机损坏、升压站质量缺陷	（1）吊装时上部组块4个柱底部的水平和竖向加速度不得大于0.2g，吊装时水平和竖向加速度实时监测，加速度超过0.2g将停止相关吊装工作。 （2）调整揽风绳时，非作业人员站在作业区域外			

217

表I-8 海缆敷设高风险作业控制单

一	作业先决条件检查				
序号	检 查 项	检 查 要 点	承包人作业负责人	承包人HSE部门	发包人工序负责人
1	专项施工方案	（1）通过专家评审及审批（方案审批页）。 （2）有效版本			
2	安全技术交底	（1）切实开展（会议图片）。 （2）参与作业人员均签字确认（交底单签字栏）			
3	作业许可	开工前由技术负责人对作业相关人员进行安全技术交底，并签字确认交底内容（明确任务、技术措施、安全措施）			
4	人员资质	特种作业人员持证（含起重司索、指挥；电工）			
5	应急预案	（1）通过审批（方案审批页）。 （2）有效版本。 （3）覆盖主要风险（人员伤害、机械伤害等）			
6	设备	（1）船舶入场验收合格（承包人提供验收记录）。 （2）起重前，现场施工指挥、各船舶负责人及其他作业人员已进行通信设备核对，保持通信畅通。 （3）施工船海缆退扭系统经检查，运转正常。 （4）主牵引钢缆经检查合格［参考厂家使用保养手册或钢丝绳检查表（见表H-9）］			
7	天气气象	作业前已收集近期的天气预报，天气信息必须满足作业条件（安排专人收集海上天气预报，实时关注现场海况变化）			
二	扫海				
1	扫海	（1）扫海往返清扫两遍，路径要严格按照设计路由进行，不得偏离；当扫海锚的张力控制设备显示张力过大时应立即停止扫海，回扫海锚并对扫海锚上的杂物进行清理。 （2）如在扫海路径发现无法清理的异物时，及时以书面形式通知设计、监理、业主，不得进行野蛮扫海。 （3）扫海后形成扫海记录，有异常及时报告（拍摄开始和结束的情况，中间有异常，进行拍摄记录）			

序号	检 查 项	检 查 要 点	承包人作业负责人	承包人HSE部门	发包人工序负责人
三		J形管穿管施工			
1		施工船、拖轮按《船舶调度审批表》抛锚或航行，抛锚前检查缆绳、锚机系统，合格方可作业，人员禁止靠近机械转动部位或缆绳击打三角区；抛锚船作业人员劳保穿戴齐全，需遵守劳动纪律			
2		J形管穿管施工时，潜水设备已经检查合格，潜水人员精神状态良好，潜水监督已就位；升压站上部配合人员有序攀爬至平台(禁止持物攀爬)，并保持与施工指挥通信畅通			
3		J形穿管时下方施工船主甲板面海缆可能坠落半径范围内禁止无关人员入内			
四		海缆敷设			
1	埋设机投放	埋设机投放时，起吊范围内禁止人员进入，操作人员熟悉投放操作规程。埋设机已投放稳定，且禁止操作吊机，方可安排潜水员下水检查及解除吊点，按潜水作业控制单管控现场潜水作业			
2	敷设过程	(1)电缆敷设过程中，禁止人员踩踏或靠近逐渐放至海底的电缆。 (2)注意观察埋设深度(一般2.5～4m，不同海域要求不同，根据图纸确定)和路由偏离情况(一般要求10m偏差以内)，注意及时纠偏。 (3)海缆敷设过程中，禁止靠近船机设备转动装置(锚机/转盘等)。 (4)施工过程中每30m记录海缆坐标			
3	安装弯曲限制器	安装弯曲限制器时，禁止人员操作下放海缆，下放海缆时，安装弯曲限制器作业人员应远离海缆，防止人员受海缆击打或跌绊	√	√	
4	敷设结束	(1)敷设后及时整理路由记录，放入海图。 (2)敷设后及时整理路由记录，正式文件提交业主	√	√	√
五		始端登陆			
1	周边环境确认	潜水员下水前确认周边海域无打桩作业			
2	海缆牵引	(1)牵引海缆时，必须算够裕量，并现场核对。 (2)海缆牵引过程中潜水员在海底监控电缆状态，保持与船舶联系，电缆牵引速度控制在15m/min			

续表

序号	检 查 项	检 查 要 点	承包人作业负责人	承包人HSE部门	发包人工序负责人
3	安全距离	潜水员与 J 形管、海缆保持安全距离，以防被海缆与 J 形管挤伤			
六		终端登陆			
1	安全条件确认	（1）浅滩登陆时水陆两用挖掘机作业须由专人指挥，提前掌握潮汐状况。 （2）牵引前检查钢丝绳型号满足现场牵引拉力要求，钢丝绳外观良好，无断股、开丝等情况。 （3）牵引卷扬机要提前检查验收，外观、电源、接地、机械等。 （4）卷扬机固定在牢固固定点。 （5）海缆牵引作业时建立隔离区，无关人员禁止靠近			
2	海缆固定	海缆从地下夹层穿上 GIS 室时，依据现场实际情况选择合适的受力点固定手拉葫芦，切不得固定在 GIS 母线支架上			

表 I-9   钢 丝 绳 检 查 表

钢丝绳使用单位：＿＿＿＿＿＿＿＿＿　　　　钢丝绳编号或用途：＿＿＿＿＿＿＿＿

序号	检查内容			报 废 标 准
	检查项	检查结果	具体情况	
1	是否存在可见断丝	□是 □否	（1）6 倍直径范围内出现随机分布断丝＿＿根； （2）6 倍直径范围内股沟断丝＿＿根	（1）随机分布断丝报废标准参见表 I-10。 （2）6 倍直径范围内股沟断丝≥2
2	钢丝绳直径是否减小	□是 □否	钢丝绳直径减小比例（Q）：＿＿＿＿%	（1）纤维芯单层股钢丝绳 Q≥10%。 （2）钢芯单层股钢丝绳或平行捻密实钢丝绳 Q≥7.5%。 （3）阻悬钢丝绳 Q≥5%。 （4）如果发现直径有明显的局部减小，应报废钢丝绳
3	钢丝绳是否出现波浪形	□是 □否	波浪形高度 g＿＿＿＿（是、否）≥1/3d	波浪形高度 g≥1/3d

序号	检查内容			报 废 标 准
	检查项	检查结果	具体情况	
4	钢丝绳是否出现笼状畸形	□是 □否		出现笼状畸形的钢丝绳应报废 笼状畸形
5	钢丝绳是否出现绳芯或绳股突出、扭曲	□是 □否		钢丝绳发生绳芯或绳股突出应报废 绳芯突出——单层钢丝绳 绳股突出或扭曲
6	钢丝绳是否出扭结	□是 □否		发生扭结的钢丝绳应立即报废 扭结（正向） 扭结（反向）

221

续表

序号	检查内容			报 废 标 准
	检查项	检查结果	具体情况	
6	钢丝绳是否出扭结	□是 □否		 扭结

检查结论：

钢丝绳（是/否）达到报废标准，（需要/不需要）进行报废。

检查人：_____　　　　　检查时间：_____

注　编制依据：GB/T 5972—2016《起重机　钢丝绳　保养、维护、检验和报废》

表 I-10　　单层股钢丝绳和平行捻密实钢丝绳中达到报废程度的最少可见断丝数

钢丝绳类别编号 RCN	外层股中承载钢丝的总数 [a] n	可见外部断丝的数量 [b]					
		在钢制滑轮上工作和/或单层缠绕在卷筒上的钢丝绳区段（钢丝断裂随机分布）				多层缠绕在卷筒上的钢丝绳区段 [c]	
		工作级别 M1～M4 或未知级别 [d]				所有工作级别	
		交互捻		同向捻		交互捻和同向捻	
		$6d$ [e] 长度范围内	$30d$ [e] 长度范围内	$6d$ [e] 长度范围内	$30d$ [e] 长度范围内	$6d$ [e] 长度范围内	$30d$ [e] 长度范围内
01	$n \leqslant 50$	2	4	1	2	4	8
02	$51 \leqslant n \leqslant 75$	3	6	2	3	6	12
03	$76 \leqslant n \leqslant 100$	4	8	2	4	8	16
04	$101 \leqslant n \leqslant 120$	5	10	2	5	10	20
05	$121 \leqslant n \leqslant 140$	6	11	3	6	12	22
06	$141 \leqslant n \leqslant 160$	6	13	3	6	12	26
07	$161 \leqslant n \leqslant 180$	7	14	4	7	14	28

钢丝绳类别编号 RCN	外层股中承载钢丝的总数[a] n	可见外部断丝的数量[b]					
		在钢制滑轮上工作和/或单层缠绕在卷筒上的钢丝绳区段（钢丝断裂随机分布）				多层缠绕在卷筒上的钢丝绳区段[c]	
		工作级别 M1~M4 或未知级别[d]				所有工作级别	
		交互捻		同向捻		交互捻和同向捻	
		$6d$[e] 长度范围内	$30d$[e] 长度范围内	$6d$[e] 长度范围内	$30d$[e] 长度范围内	$6d$[e] 长度范围内	$30d$[e] 长度范围内
08	$181 \leqslant n \leqslant 200$	8	16	4	8	16	32
09	$201 \leqslant n \leqslant 220$	9	18	4	9	18	36
10	$221 \leqslant n \leqslant 240$	10	19	5	10	20	38
11	$241 \leqslant n \leqslant 260$	10	21	5	10	20	42
12	$261 \leqslant n \leqslant 280$	11	22	6	11	22	44
13	$281 \leqslant n \leqslant 300$	12	24	6	12	24	48
	$n > 300$	$0.04n$	$0.08n$	$0.02n$	$0.04n$	$0.08n$	$0.16n$

注：对于外股为西鲁式结构且每股的钢丝数≤19的钢丝绳（例如6×19 Seale），在表中的取值位置为其"外层股中承载钢丝总数"所在行之上的第二行。

[a] 在本标准中，填充钢丝不作为承载钢丝，因而不包括在 n 值之中。

[b] 一根断丝有两个断头（按一根断丝计数）。

[c] 这些数值适用于交叉重叠区域和由于钢丝绳偏角影响的缠绕绳圈之间干涉引起的劣化（不适用于只在滑轮上工作而不在卷筒上缠绕的区段）。

[d] 机构的工作级别为 M5~M8 时，断丝数可取表中数值的两倍。

[e] d——钢丝绳公称直径。

表 I-11 潜水高风险作业指导书

项目		序号	检查内容	潜水作业负责人（签字/日期）	承包人HSE部门（签字/日期）	发包人工序负责人（签字/日期）	备注
潜水作业先决条件	作业许可	1	水下作业施工方案已组织专家论证并通过				
		2	已办理潜水作业许可证				
		3	潜水作业后的12h内不应进行反复潜水				
		4	潜水人员每天连续休息时间不低于8h				

项目		序号	检查内容	潜水作业负责人（签字/日期）	承包人HSE部门（签字/日期）	发包人工序负责人（签字/日期）	备注
潜水作业先决条件	人	1	潜水相关人员持有相应资格证书（潜水员证、潜水监督证、生命支持员证等）、健康证明和安全培训证书，且在有效期内				
		2	作业前进行安全技术交底，并签字确认交底内容（明确任务、危险因素、安全措施）				
		3	潜水人员配备不少于5人，其中潜水监督不少于1名，潜水员不少于2名（海洋工程潜水）				
		4	至少指定1名预备潜水员在入水点附近待命，预备潜水员的脐带长度比潜水员的脐带长度长2～3m				
	机	1	潜水面罩应有双向语音通信系统，供气管路装有止回阀，有过压保护装置，可连接应急气瓶				
		2	水面供气式空气潜水，潜水员主气源和应急气源应为两个独立的气源，可以是一台空气压缩机和一组储气罐（或高压气瓶，高压气瓶有保护罩、防震圈，且存放在通风良好和避免高温区域），或两台不同动力源的空气压缩机				
		3	供气系统（空气压缩机、储气罐、过滤器、油水分离器、高压气瓶和输气管道等）各个组成部分应定期维护保养并保留记录				
		4	储气罐有压力表和安全阀且功能完好，进气口有单向阀或止回阀，底部有排放阀				
		5	高压管道布置有序，并标识其走向和功能				
		6	甲板减压舱内外有双向通信系统、应急通信系统和呼叫装置，进出舱体管道应有内外截断阀				
		7	潜水通信系统为双向语音式通信装置，有备用电源。潜水监督能听到潜水员呼吸的声音，与潜水员沟通顺畅				

项目		序号	检查内容	潜水作业负责人（签字/日期）	承包人HSE部门（签字/日期）	发包人工序负责人（签字/日期）	备注
潜水作业先决条件	机	8	潜水作业前，对装具、设备和系统进行现场测试和检查				
	料	1	作业所需的辅助材料准备齐全，性能可靠				
	法	1	现场配备潜水作业安全手册和潜水减压表				
		2	有潜水人员岗位职责和具体分工表				
		3	已制定应急计划，且潜水监督清楚应急响应流程。现场准备《紧急救助联络表》（包括承包人负责人、安全主管、潜水医师等）				
		4	已针对潜水工作步骤做出书面的风险评估，且作业人员清楚防范措施				
		5	有急救药品（含救治海生物伤害的药品）、器材、急救手册和存量清单，每次潜水前按清单检查、补充和更新				
潜水作业过程控制	环	1	周边1.5km范围内无沉桩作业				
		2	潜水现场有警戒船或建立隔离标识，杜绝无关人员和船只进入潜水区域				
		3	水流速度不大于0.5m/s，蒲福风力等级不大于4级（最大浪高1.5m）				
		1	潜水期间，潜水监督、预备潜水员、机电保障人员、潜水医师等坚守岗位，并密切关注设备运转情况，一旦发现异常，必须向工作负责人和发包人报告				
		2	应急电源、备用气源处于待命状态				
		3	精确测量工作水深，精确记录潜水时间，按减压表执行减压程序				
		4	潜水监督保持与潜水员之间的双向通信，潜水监督能听到潜水员呼吸的声音，与潜水员沟通顺畅。潜水监督能随时与潜水从业单位现场负责人、现场业主代表、船长、潜水医师、最近的海上救助机构等建立双向通信				

项目		序号	检查内容	潜水作业负责人（签字/日期）	承包人HSE部门（签字/日期）	发包人工序负责人（签字/日期）	备注
潜水作业过程控制		5	水下切割和焊接的潜水员必须具备水下焊接与切割相关资格，持证上岗				如有水下焊接与切割作业需重点关注；如无，跳过
		6	焊接潜水员的潜水服、头盔/面罩、绝缘手套等必须具备良好的绝缘性能				
		7	湿式焊接与切割设备的用电电压符合表 I-12 要求				
		8	有专人掌管、操作焊接回路中用于切断电源的专用刀式开关或接触器（操作者能看清开启关闭接触状态、开关可靠、操作便捷）				
		9	焊炬、割炬、电缆绝缘良好，焊机必须接地；焊条（割条）有良好的绝缘涂层，长时间浸泡水中绝缘涂层碎裂的禁止使用				
		10	潜水设施、装备、工具所有大于 6V 的电气回路有相应的熔断器/回路断路器做短路保护				
		11	焊接潜水员确认自己已准备好，通知水面人员，水面人员方可接通焊接电路				
潜水作业后		1	潜水监督或潜水医师应询问潜水员身体状况，如有不适或异常，应立即报告				
		2	按减压方案进行减压				
		3	填写潜水报告记录				
		4	潜水事故和职业病记录存档				

表 I-12　　　　　　　　湿式焊接设备用电电压要求

条件	人体安全电流（mA）	电流路径阻抗（Ω）	电压	
			最大	额定
无自动跳闸装置的直流电	40	750	30	24

电氧切割装置应满足以下条件：

（1）电氧割炬应设计有氧气阀，该阀应始终确保与割条绝缘；

（2）割条应有电气绝缘层，该电气绝缘层应有较高的抗磨损性，且不会因为长期浸泡在海水中导致绝缘性能恶化。

附录 J　非正常工作时间施工信息表

表 J-1　　　　　　　　　非正常工作时间施工信息表

单位名称：_____　　项目名称：××海上风电场工程　　计划时间：_____

编号	具体作业内容	作业地点（详细）	作业时间（详细）	施工班组	施工负责人姓名及电话	安全监督员姓名及电话	发包人区域责任工程师姓名及电话
举例	钢管桩沉桩	1 号机位	19:00—第二天 05:00	桩基础施工组	张三（1234567890）	李四（1234567890）	
1			10 月 1 日 09:00—10 月 7 日 24:00				
2							
3							
编制：　　　　审核（安全部门负责人）：　　　　批准（项目经理或总工）：							

附录 K 安 全 培 训 表 单

表K-1 三类人员台账信息

序号	所属项目部	所属部门	姓名	员工号	岗位	学历	专业	职称	资质名称	证书编号	取得时间	有效期

表K-2 班前会记录单

班前会记录单				
班组会议		会议时间	___年___月___日___时___分	
班组应到人数	___人	实到人数 ___人	项目	
参会人员				
检查成员精神状态：□全部正常 □有人生病 □有人疲劳 □其他 _____				
作业位置：① _____ ② _____ ③ _____				

安全质量交底内容	
作业内容	
作业类别	☐ 起重作业 ☐ 设备安装作业 ☐ 潜水作业 ☐ 高处作业临边作业 ☐ 动火作业 ☐ 密闭空间作业 ☐ 切割打磨 ☐ 带电调试作业 ☐ 运输作业 其他 _____
作业风险	☐ 起重伤害 ☐ 物体打击 ☐ 碰撞挤压☐ 设备损坏 ☐ 淹溺窒息 ☐ 高处坠落 ☐ 火灾/爆炸/灼烫 ☐ 中毒窒息 ☐ 中暑 ☐ 触电 ☐ 车辆伤害 其他 _____
安全措施	☐ 安全专项控制单 ☐ 作业区域控制 ☐ 交叉作业控制 ☐ 安全防护措施 ☐ 作业监护 ☐ 许可证控制 ☐ 其他_____
应急预案	☐ 应急预案宣贯 ☐ 确认全员明确应急救援措施

安全质量措施及注意事项（根据实际情况填写，有的打√，无对应内容打×）：
☐ 严禁带病上岗、疲劳作业、酒后作业，现场禁止嬉戏打闹；
☐ 起重吊装作业设置警戒区无关人员不得入内，检查设备、吊具安全性，起重指挥穿戴反光背心；
☐ 设备安装作业明确作业方案，正确佩戴安全劳保防护用品，使用前确认检查；
☐ 潜水、高处、动火等作业，人员资质、数量必须满足要求，特种作业必须持证上岗；
☐ 高处、起重、潜水作业必须按要求检查防护用品可靠性、完备性以及安全措施落实情况；
☐ 动火作业氧气乙炔与动火点距离满足大于 10m 要求，气瓶固定远离火源，作业要佩戴防护面罩或护目镜，作业人员要清理作业区域、清理可燃物；
☐ 切割打磨作业人员做好面部、手部防护，打磨前应检查砂轮片完整性，检查电气设备可靠性；
☐ 班组成员应复述作业任务以及作业风险、安全措施，班前会形成相互交流沟通的习惯；
☐ 发现安全质量风险、隐患、事故必须立即上报，严禁瞒报、谎报、迟报、漏报。
其他需注意事项：

异常事件反馈：☐ 无　　☐ 有_____

内外部经验反馈（包含法律法规新修订内容）：☐ 无　　☐ 有_____

采取后续行动：☐ 不适用 ☐ 行动项_____

附录 L 安全投入模型及业绩证明

表 L-1   海上风电工程安全生产投入模型

编号	项目	使用类型	设备/设施/器材等	陆上	海上	范围
1	完善、改造和维护安全防护设施设备支出(不含"三同时"要求初期投入的安全设施),包括施工现场临时用电系统、洞口、临边、机械设备、高处作业防护、交叉作业防护、防火、防爆、防尘、防毒、防雷、防台风、防地质灾害、地下工程有害气体监测、通风、临时安全防护等设施设备支出	安全生产系统(设备)的改造与升级	降低安全事故(事件)率的生产系统(设备)的改造、升级	提高系统(设备)的本质安全性(提升设备防台等级、降低设备火灾危险性等),减少人因失误等	提高系统(设备)的本质安全性(提升设备防台等级、降低设备火灾危险性等),减少人因失误等	改造、更新与维护
		作业器具安全防护设施	直接影响作业器具安全性的装置的完善、改造与维护	各类作业器具的安全限位装置、闭锁装置、防护装置、绝缘装置、报警装置等,如砂轮机的防护罩等	各类作业器具的安全限位装置、闭锁装置、防护装置、绝缘装置、报警装置等,如砂轮机的防护罩等	完善、改造与维护
		洞口、临边防护,高处与交叉作业防护设施	防护栏杆与防护门	楼板、屋面、阳台、楼梯边、基坑、井架、洞口等临边安全护栏和防护门等含脚手架、扣件、密目安全网、脚手架管防护帽、扣架螺栓防护帽、防撞棉、踢脚板、警示立柱、安全警示带、反光纸	(1)船舶周边安全防护栏杆。(2)作业区域隔离围栏、警示立柱、安全警示带、反光纸。(3)防撞棉、防撞帽。(4)稳桩平台防护围栏更新与维护	建设、更新与维护
			孔洞盖板	洞口盖板、沟道盖板、设备人孔盖板等	风电机组内孔洞临时盖板	建设、更新与维护
			防护棚	交叉作业的防护隔离棚等	无	建设、更新与维护
			安全通道	上下、出入口的安全通道,涉及安全护栏、踢脚板、挡板、防滑、防护棚等	(1)风电机组安装人行通道维护与更新。(2)船舶登乘用梯子、平台、护栏、梯台	建设、更新与维护
			安全平台	含临时安全作业平台等	无	建设、更新与维护

编号	项目	使用类型	设备/设施/器材等	陆上	海上	范围
1	完善、改造和维护安全防护设施设备支出（不含"三同时"要求初期投入的安全设施），包括施工现场临时用电系统、洞口、临边、机械设备、高处作业防护、交叉作业防护、防火、防爆、防尘、防毒、防雷、防台风、防地质灾害、地下工程有害气体监测、通风、临时安全防护等设施设备支出	洞口、临边防护，高处与交叉作业防护设施	高处防护特殊用品（不含"三同时"要求初期投入的安全设施和设备设施设计中应有的安全设施）	安全平网、密目安全网、安全生命绳、安全自锁器、安全缓降器、安全带、防坠器等	（1）零散物件工具包（高处作业人员配备）。（2）安全网、密目网（高桩承台使用）。（3）生命线（高桩承台使用）。（4）安全带。（5）自锁器、缓降器、防坠器。（6）安全应急保护系统（风电机组上人员被困后应急下降系统）	采购、更新与维护
			高处专用工器具		带有可以放置应急担架的蛙式吊篮	采购、更新与维护
		电气安全防护设施	配电线路	电缆绝缘、标识、布设满足安全要求的部分	电缆绝缘、标识、布设满足安全要求的部分	改造、更新与维护
			漏电保护	漏电保护的更新与维护	漏电保护器的更新与维护	完善、更新与维护
			电气设备的防护	电气设备的安全护栏、安全警示牌、电缆过桥保护	（1）电缆过桥保护装置。（2）绝缘挂钩。（3）电缆保护槽盒	建设、更新与维护
			电气作业安全器材	微型断路器锁具、锁紧把手断路器停工标准开关、绝缘手电筒、接地电阻测试仪、绝缘电阻表、绝缘纸、电缆绝缘漆、高压绝缘防水胶布	（1）微型断路器锁具。（2）锁紧把手断路器停工标准开关。（3）绝缘手电筒。（4）接地电阻测试仪。（5）绝缘电阻表。（6）绝缘纸。（7）电缆绝缘漆。（8）绝缘杆。（9）绝缘垫。（10）验电工具、高压绝缘防水胶布	更新与维护
		消防安全防护设施	固定消防系统与设施	无	船舶固定消防系统与设施改造、更新与维护	完善、改造与维护

续表

编号	项目	使用类型	设备/设施/器材等	陆上	海上	范围
1	完善、改造和维护安全防护设施设备支出(不含"三同时"要求初期投入的安全设施),包括施工现场临时用电系统、洞口、临边、机械设备、高处作业防护、交叉作业防护、防火、防爆、防尘、防毒、防雷、防台风、防地质灾害、地下工程有害气体监测、通风、临时安全防护等设施设备支出	消防安全防护设施	临建消防系统与设施	陆上集控中心临时消防给水系统消防水加压泵、阀门、室内消防栓。这里指的是与生产水合二为一的临时消防水系统。如果是单一临时消防水系统,包括涉及的所有部件	无	完善、改造与维护
			现场移动式消防设施	各类灭火器,消防水枪、水带,移动消防泵、消防箱等	移动式灭火设施(含灭火器、灭火毯等)采购、更新与维护(永久性移动灭火设施不计入在内)	采购、更新与维护
			现场防火专用设施工具	防火布、接火盘、挡火板、阻燃剂	防火布、接火盘、挡火板	采购、更新与维护
			现场防爆与防雷设施工具	现场固定防爆与防雷设施和作业防爆工具(如防爆灯、防爆工具)等	现场固定防爆与防雷设施和作业防爆工具(如防爆灯、防爆工具)等	完善、改造与维护
		爆破安全防护设施	警戒区域隔离设施	栅栏、安全警示带等		采购、更新与维护
			通信设备	对讲机、扩音器等	对讲机、扩音器等	采购、更新与维护
		辐射安全防护设施	辐射环境监测仪器	辐射剂量率监测仪等	辐射剂量率监测仪等	采购、更新、维护
			辐射防护现场屏障	铅块、铅衣、气衣等	铅块、铅衣、气衣等	采购、更新、维护
			现场去污工具及材料	移动式的工具和消耗性材料等	移动式的工具和消耗性材料等	采购、更新、维护
			个人剂量监测仪器	电子个人辐射剂量计、热释光个人辐射剂量表、WBC(白细胞监测)检测仪等	电子个人辐射剂量计、热释光个人辐射剂量表、WBC监测仪等	采购、更新、维护

编号	项目	使用类型	设备/设施/器材等	陆上	海上	范围
1	完善、改造和维护安全防护设施设备支出(不含"三同时"要求初期投入的安全设施),包括施工现场临时用电系统、洞口、临边、机械设备、高处作业防护、交叉作业防护、防火、防爆、防尘、防毒、防雷、防台风、防地质灾害、地下工程有害气体监测、通风、临时安全防护等设施设备支出	辐射安全防护设施	辐射作业警示器具	报警灯、安全警示带等	报警灯、安全警示带等	采购、更新、维护
		通风安全设备设施	通风设备、设施	鼓风机、节能轴流风机、工业用摇臂扇、工业用落地扇(防暑降温措施)	鼓风机、节能轴流风机、工业用摇臂扇、工业用落地扇(防暑降温措施)	采购、更新、维护
			气体检测设备	四合一体气体检测仪等	氧表、有毒有害气体检测仪等	采购、更新、维护
		治安保卫防护设施	物防设施	门禁系统、铁丝网、出入口防撞设施等	无	完善、更新、维护
			人防设施及装备	岗亭、警车、警棍、警灯等	无	采购、更新、维护
			技防	监控系统(出入口)、报警系统、一卡通系统	人员实时定位系统、视频监控系统	采购、更新、维护
		防台风	防台物资	帆布、防风网、钢丝绳、绳卡、地脚螺栓、花纹螺栓、麻袋、箩筐、槽钢、斗车	用于船舶上物资固定用的设施:帆布、防风网、钢丝绳、绳卡、地脚螺栓、花纹螺栓、麻袋等	购置、更新与维护
		交通安全防护设施	交通监测设备	GPS 定位装置与监控系统	GPS 定位装置与监控系统	采购、更新、维护
			道路安全设施	划线、减速坎、道路防撞墩、反光镜、标志牌等	无	完善、维护
			移动检测设备	测速仪、酒精检测仪等	测速仪、酒精检测仪等	采购、更新、维护
			海上交通安全设施	无	通航助航浮标等指示警示设备设施	完善、更新、维护
		地质灾害防护	滑坡、泥石流防护材料	边坡防护网,如石笼网;挡墙、筑坝等防护建设材料	无	完善、改造、维护
		雷电防护	雷电防护设备	避雷针等避雷设备	避雷针等避雷设备	完善、更新、维护

编号	项目	使用类型	设备/设施/器材等	陆上	海上	范围
1	完善、改造和维护安全防护设施设备支出(不含"三同时"要求初期投入的安全设施),包括施工现场临时用电系统、洞口、临边、机械设备、高处作业防护、交叉作业防护、防火、防爆、防尘、防毒、防雷、防台风、防地质灾害、地下工程有害气体监测、通风、临时安全防护等设施设备支出	现场环境安全防护设施	环境状况监测仪	测温仪、噪声仪、照度仪、风速仪、粉尘浓度测量仪等	测温仪、噪声仪、照度仪、手持风速仪、望远镜等	采购、更新、维护
			职业危害气体监测仪	四合一体气体监测仪+标定气体、氧表、氢表、SF$_6$气体表,辐射仪表等	手持式有毒有害气体检测仪	采购、更新、维护
			环境防滑、防碰,降温、通风等设施	应急照明,防滑垫、防碰泡沫、绝缘垫、移动风机、饮水设备等	防滑垫、防碰泡沫、绝缘垫、移动风机等	采购、更新、维护
			安全标识与围栏	五牌一图、其他与文明施工、安全生产相关的信息牌(正常安全文明措施费之外的算)	(1)五牌一图。(2)现场围栏。(3)安全标识、标牌	采购、更新、维护
		危险化学品安全防护设施	爆炸品	储存、运输和使用爆炸品的专项安全防护设施(如存放箱、爆破飞石覆盖材料等)	无	采购、更新、维护
			压缩气体和液化气体	储存、运输和使用压缩气体和液化气体专项安全防护设施(如气瓶车、气瓶笼等)	气瓶手推车、气瓶吊笼、气瓶运输笼、气瓶存放笼、气瓶存放固定架等	采购、更新、维护
			腐蚀品	储存、运输和使用腐蚀品专项安全防护设施(如洗眼器、收集槽等)	(1)洗眼器。(2)油污吸附材料、收集箱	采购、更新、维护
			其他	储存、运输和使用其他危险化学品专项安全防护设施(如放射性物品、毒害品、易燃物等)	储存、运输和使用其他危险化学品专项安全防护设施(如放射性物品、毒害品、易燃物等)	采购、更新、维护
		其他安全防护设施	医疗卫生与其他	医疗箱、血压计、AED等	(1)医疗箱。(2)血压计。(3)AED	采购、更新、维护
2	配备、维护、保养应急救援器材,设备支出和应急演练支出	应急中心与设备	应急中心的改造、更新	应急中心相关应急装备、设施的改造升级和日常维护及保养费用	应急中心相关应急装备、设施的改造升级和日常维护及保养费用	完善、更新、维护

编号	项目	使用类型	设备/设施/器材等	陆上	海上	范围
2	配备、维护、保养应急救援器材，设备支出和应急演练支出	应急中心与设备	专项应急系统的开发维护	如事故应急实时预报和评价系统、环境状态监测和评价系统的软件开发及相关配套设施的配备与维护费用	如事故应急实时预报和评价系统、环境状态监测和评价系统的软件开发及相关配套设施的配备与维护费用	采购、更新、维护
			现场应急设备（设施）的改造、更新	现场应急相关固定设备（设施）的改造、更新（应急通信、应急照明、防台防护门等）	现场应急相关固定设备（设施）的改造、更新（应急通信、应急照明、防台门等）	完善、更新、维护
		应急救援器材	应急专用工器具（抢险、救灾）	正压式呼吸器，应急灭火器材和工具，破拆工具、绳索、缓降器；水上救生圈、救生衣等	（1）破拆工具。（2）应急灭火器材和工具。（3）正压式空气呼吸器。（4）救生圈。（5）救生衣	采购、更新、维护
			应急专用通信器材	卫星电话、对讲机、手提扬声器、传真机等	（1）海事卫星电话。（2）对讲机。（3）手提扬声器。（4）传真机。（5）信号增强器、海事卫星信号。（6）船载4G基站。（7）4G胶囊。（8）船舱无线网络覆盖系统。（9）其他	采购、更新、维护
			应急救援	120急救车辆费用及用于应急撤离的车辆租赁费用	（1）海事应急救援服务协议。（2）应急救援船只费用（专门用于应急救援的船舶，不能挪作他用）。（3）直升机救援服务协议。（4）医疗支持服务协议	综合费用
			应急专用照明器材	应急灯、充电器、电池等	（1）应急灯。（2）应急手电、电池、充电器。（3）应急疏散指示灯。（4）探照灯	采购、更新、维护

编号	项目	使用类型	设备/设施/器材等	陆上	海上	范围
2	配备、维护、保养应急救援器材，设备支出和应急演练支出	应急救援器材	应急急救器材	（1）救生笼（能放置担架的救生笼）。 （2）折叠担架。 （3）急救包。 （4）呼吸球囊。 （5）血压计。 （6）呼吸面罩。 （7）药品。 （8）夹板。 （9）毛毯。 （10）颈椎固定器。 （11）AED	（1）救生笼（能放置担架的救生笼）。 （2）折叠担架。 （3）急救包。 （4）呼吸球囊。 （5）血压计。 （6）呼吸面罩。 （7）药品。 （8）夹板。 （9）毛毯。 （10）颈椎固定器。 （11）AED	采购、更新、维护
			人员应急防护用品	个人呼吸保护设备，个人防护	（1）正压式空气呼吸器。 （2）呼吸面罩。 （3）绝缘手套	采购、更新、维护
			防范自然灾害的特殊器材	防抗台风和暴雨的器材（如应急水泵、源器材），防暴风雪的器材（铲雪车、铁链等）	无	采购、更新、维护
		应急准备与演习	应急预案编审费用	各类应急预案专家审查的费用支出	各类应急预案专家审查的费用支出	综合费用
			应急演练费用	综合应急演练、专项应急演练等的费用支出	综合应急演练、专项应急演练等的费用支出（应急演练中船舶费用在施工措施费里面已经包含了，明确剔除船舶费用）	综合费用
		其他	其他应急费用	临时避难场所相关费用支出、应急食品费用支出等	应急食品费用支出	综合费用
3	开展重大危险源和事故隐患评估、监控和整改支出	重大危险源、重大事故隐患评估	委托评价机构	对重大危险源、重大事故隐患的评估费用	（1）对重大危险源、重大事故隐患的评估监测整改费用。 （2）起重设备第三方专业检查、船舶第三方专业检查。 （3）吊索具第三方专业检查费用。 （4）海缆在线监控系统。 （5）自升式平台插拔桩系统第三方检	综合费用

237

编号	项目	使用类型	设备/设施/器材等	陆上	海上	范围
3	开展重大危险源和事故隐患评估、监控和整改支出	重大危险源、重大事故隐患评估	委托评价机构	对重大危险源、重大事故隐患的评估费用	查费用及插拔桩风险管控措施第三方评审费用、插拔桩计算报告第三方评审费用	综合费用
		重大危险源、重大事故隐患整改、监控	隐患监控系统建设与维护	系统建设与维护费用	隐患监控系统建设与维护	综合费用
			事故隐患整改费用	事故隐患整改措施落实	事故隐患整改措施落实	综合费用
4	安全生产检查、评价(不包括新建、改建、扩建项目安全评价)、咨询和标准化建设支出	安全检查、评价	检查、评价费用	聘请专家参与安全检查或评价机构进行安全评价	聘请专家参与安全检查或评价机构进行安全评价(如第三方安全检查)(非日常安全检查,主要指技术性强、专题检查)	综合费用
			检查专用工具	望远镜、照相机、DV(摄像机)、录音笔等	(1)望远镜。(2)照相机。(3)DV。(4)录音笔。(5)执法记录仪	采购、更新、维护
		安全咨询	咨询费用	委托、聘请专家或评价机构进行安全咨询	委托、聘请专家或评价机构进行安全咨询的费用(如海事咨询、船舶咨询、海洋环境咨询等)	综合费用
			评估费用		通航安全保障评估费用(合同单独约定的除外)	综合费用
		安全标准化	安全标准化建设	安全标准化标准制订,现场改进与实施,达标评审等相关费用	安全标准化标准制订,现场改进与实施,达标评审等相关费用	综合费用
5	配备和更新现场作业人员安全防护用品支出	一般个人劳动防护用品	安全帽	保护头部	安全帽(含各种性能)	采购、更新
			工作服/裤	保护员工	工作服	采购、更新
			安全鞋	防砸、防刺穿及防静电	安全鞋	采购、更新
			防护眼镜	防止眼睛受到伤害	防护眼镜	采购、更新

续表

编号	项目	使用类型	设备/设施/器材等	陆上	海上	范围
5	配备和更新现场作业人员安全防护用品支出	一般个人劳动防护用品	反光背心	用于警示	反光背心	采购、更新
			安全带/安全绳	防止高处坠落	安全带、安全绳	采购、更新
			耳塞	听力防护	耳塞	采购、更新
			普通口罩	用于作业产生粉尘的防护	防尘口罩	采购、更新
			手电筒	用于照明	手电筒	采购、更新
			手套	防割伤、划伤	手套	采购、更新
			雨衣	防止被淋湿	雨衣	采购、更新
			雨鞋	防雨	雨鞋	采购、更新
			眼镜带	防止眼镜落入容器/水池	眼镜带	采购、更新
			工具吊带	防止工具坠落	工具吊带	采购、更新
		特殊作业劳动防护用品	电焊工特殊保护用品	专用衣服、面罩、眼镜、鞋、鞋套、手套	专用衣服、面罩、眼镜、鞋、鞋套、手套	采购、更新
			脚手架工特殊保护用品	手套、安全带/绳、软底鞋	手套、安全带/绳、软底鞋	采购、更新
			油漆工特殊保护用品	连体服、喷沙专用服和头盔、专用面罩和口罩、帆布手套	连体服、喷沙专用服和头盔、专用面罩和口罩、帆布手套	采购、更新
			机加工（车工等）特殊保护用品	护目镜、连体服（或背带裤）、猪皮手套	护目镜、连体服（或背带裤）、猪皮手套	采购、更新
			起重工特殊保护用品	司索、指挥、安全监护员、司机专用反光背心和标志	司索、指挥、安全监护员、司机专用反光背心和标志	采购、更新
			电工特殊保护用品	护目镜、绝缘安全鞋、绝缘手套、绝缘手电筒、安全带	护目镜、绝缘安全鞋、绝缘手套、绝缘手电筒、安全带	采购、更新
			机动车驾驶员特殊保护用品	太阳镜、纱手套	无	采购、更新

续表

编号	项目	使用类型	设备/设施/器材等	陆上	海上	范围
5	配备和更新现场作业人员安全防护用品支出	特殊作业劳动防护用品	马路清扫工特殊保护用品	遮阳帽、反光背心	无	采购、更新
			装卸、搬运工特殊保护用品	帆布手套、皮鞋、围裙、袖套	帆布手套、皮鞋、围裙、袖套	采购、更新
			实验室人员特殊保护用品	根据实验室性质配备，通常有白大褂、连体服、防静电服等	无	采购、更新
			特种化学防护用品	橡胶手套、乳胶手套、皮围裙、皮袖套、过滤面罩、各类过滤盒（如甲醛、腐蚀性蒸汽、氯气等）防溅面罩、防溅眼镜	橡胶手套、乳胶手套、皮围裙、皮袖套、过滤面罩、各类过滤盒（如甲醛、腐蚀性蒸汽、氯气等）防溅面罩、防溅眼镜	采购、更新
			特种高温防护用品	隔热手套、消防隔热服、铝箔隔热服、冰背心	隔热手套、消防隔热服、铝箔隔热服、冰背心	采购、更新
			特种核清洁防护	白大褂、布鞋套、塑料鞋套、白纱手套	白大褂、布鞋套、塑料鞋套、白纱手套	采购、更新
			水上水下作业		潜水设备设施维护与保养。救生衣、救生圈采购更新与维护	
6	安全生产宣传、教育、培训支出（安全培训、宣传费用）	安全宣传教育	安全标识	现场安全警示牌、警示标语等	现场安全警示牌、警示标语	采购、更新
			安全宣传栏	现场区域、办公区域安全宣传栏	船舶上安全宣传栏	采购、更新
			条幅	现场区域、办公区域 HSE 宣传标语条幅	船舶上 HSE 宣传标语条幅	采购、更新
			安全文化活动	安全技能大赛、安全生产月等活动产生的费用	安全技能大赛、安全生产月等活动产生的费用	综合费用
			安全图书资料	安全法律法规书籍、安全技术教材等	安全法律法规书籍、安全技术教材等	采购、更新
			其他宣传费用		安全教育视频拍摄费用、安全资料刊印费、安全检查标准印刷费	综合费用

编号	项目	使用类型	设备/设施/器材等	陆上	海上	范围
6	安全生产宣传、教育、培训支出（安全培训、宣传费用）	教育、培训	培训、教育设施	（1）培训室设施：计算机、音箱、话筒、桌椅、空调、投影仪等。 （2）实操工具：脚手架模型、VR体验培训、其他与安全教育有关的模型投入	（1）培训室设施：计算机、音箱、话筒、桌椅、空调、投影仪等。 （2）实操工具：脚手架模型、VR体验培训、其他与安全教育有关的模型投入	购置、更新、维护
6		安全教育培训	安全管理人员培训取证	安全管理人员培训考核费用	安全管理人员培训考核费用	综合费用
6			HSE相关注册类资格证再教育培训	安全相关注册类再教育培训考核费用	安全相关注册类再教育培训考核费用	综合费用
6			内审员培训	内审员培训考核费用	内审员培训考核费用	综合费用
6			起重机械安全管理人员培训取证	起重机械安全管理人员培训考核费用	起重机械安全管理人员培训考核费用	综合费用
6			特殊工种培训、考试、取证费用	施工周期内特殊工种培训考核费用	施工周期内特殊工种培训考核费用	综合费用
6			专题安全培训、讲座	聘请专家或外出参加培训费用	聘请专家或外出参加培训费用	综合费用
6			出海授权培训费用		施工周期内施工人员"基本安全授权培训"取证费用	综合费用
6			其他培训费用			综合费用
7	安全生产适用的新技术、新标准、新工艺、新装备的推广应用支出	推广应用支出	新技术、新标准、新工艺、新装备的推广应用支出	安全生产适用的新技术、新标准、新工艺、新装备、良好实践的推广应用支出费用	安全生产适用的新技术、新标准、新工艺、新装备、良好实践的推广应用支出费用	综合费用
8	安全设施及特种设备检测检验支出	安全设施检测	安全帽、安全带检验	确保产品合格、安全有效	（1）安全帽、安全带按国标要求进行抽样检测。 （2）钢丝绳、吊带按照国标要求进行年度检测。	检验
8			灭火器检验	确保产品合格、安全有效		检验
8			起重链条检测	确保产品合格、安全有效		检验
8			手动葫芦检测	确保产品合格、安全有效		检验

续表

编号	项目	使用类型	设备/设施/器材等	陆上	海上	范围
8	安全设施及特种设备检测检验支出	安全设施检测	钢管、扣件检测	确保产品合格、安全有效	（3）噪声仪、气体检测仪、测温仪、照度计、风速仪等安全检查工具检测。（4）载人吊笼CCS认证	检验
			挂篮检测	确保产品合格、安全有效		检验
			缆绳检测	确保产品合格、安全有效		检验
			其他			检验
		特种设备检测	气瓶检测	确保产品合格、安全有效	气瓶检测	检验
			起重机械设备检测	确保产品合格、安全有效	用起重机、履带式起重机、汽车起重机等检测	检验
			电梯检测	确保产品合格、安全有效	电梯检测	检验
			避雷设施检测	确保产品合格、安全有效	避雷设施检测	检验
			海上救生设备检测		充气式救生筏、救生艇、船用信标、搜救雷达应答器等	检验
			其他			
9	安全生产责任保险支出	安全生产责任保险支出	安全生产责任保险支出			购买
10	其他与安全生产直接相关的支出		饮水健康	饮水过滤器	饮水过滤器、水质检测费用（船舶自带的不计入）	购置、更新、维护
		健康体检(不包括职业健康体检)	医疗检查费用	入场健康体检、防疫检测及疫苗等费用（县级以上医院体检证明有效合格）	入场健康体检、防疫检测及疫苗等费用（县级以上医院体检证明有效合格）	综合费用
		安全文明及环水保费用。《建筑安装工程费用项目组成》要求的安全文明施工和环水保治理费用不属于安全费用。本条	水土保持及扬尘控制	对施工区域裸露的场地和堆放的土石方采取覆盖、固化或绿化等措施		建设、维护
				防扬尘洒水费用		建设、维护
				对水泥和其他易飞扬细颗粒建筑材料密闭存放或采取覆盖措施		建设、维护

编号	项目	使用类型	设备/设施/器材等	陆上	海上	范围
10	其他与安全生产直接相关的支出	特指额外增加要求部分计入安全费用）	运输控制	在施工区域出入口设置清洗沟或清洗设备等发生的人工、材料与设施摊销费用		建设、维护
				运输土石方、渣土和施工垃圾采取密闭式运输车或采取覆盖措施所增加的费用		建设、维护
				运输土石方、渣土车辆卫星定位系统	弃淤船舶卫星定位系统	建设、维护
			三废处理	固、液、气三废处理的相关费用,包括危废的相关储存、运输、处理费用	固、液、气三废处理的相关费用,包括危废的相关储存、运输、处理费用。（1）生活垃圾处理。（2）废油处理。（3）施工废物处理。（4）危险废物处理	建设、维护
			其他	现场实际发生的为保证环境保护的其他措施费用	现场实际发生的为保证环境保护的其他措施费用	综合费用
		特殊气候作业保护(不包括普通福利费用)	取暖防寒	采购防寒保温物资,满足冬季施工防寒要求(不在冬季施工措施费内)	采购防寒保温物资,满足冬季施工防寒要求(不在冬季施工措施费内)	采购、更新、维护
			防暑降温	防暑降温饮料、药品等	防暑降温饮料、药品等	采购
		安全信息化软件	软件开发	软件开发费用(施工周期内开发用于本项目的安全信息化软件)	软件开发费用(施工周期内开发用于本项目的安全信息化软件)	软件开发费用

表 L-2 安 全 业 绩 证 明

编号：

合同名称		合同编号	
承包人名称		完成年/季/月度	
申请原因	本年/季/月度安全业绩符合合同要求。 本年/季/月度实际发生安全措施费　　　元。申请支付　　　元。 本年/季/月度安全投入项目清单		
承包人代表签字			
本年/季/月度 安全业绩审核	□ 符合合同要求。 □ 不符合合同要求。 本年/季/月度安全业绩完成情况		
本年/季/月度安全 投入费用审核	□ 符合要求。 □ 不符合要求		
海上风电项目部安 健环管理部门签字			

附录 M 环境因素多因子打分及影响评价表

表 M-1

环境因素多因子打分评价表

评价因子	评 价 标 准	分值
影响程度 A	对本地区及以外地区产生严重影响	5
	对本地区产生影响或场区周围产生严重影响	4
	对场区周围产生影响或场区内产生严重影响	3
	对场区内产生影响	2
	对场区内产生轻微影响	1
相关方关注程度（敏感性） B	法律法规强制要求，相关方重点关注	5
	相关方比较关注	4
	相关方一般关注	3
	相关方一般关注	2
	不被关注	1
发生频率 C	连续发生到每日一次	5
	每日一次到每周一次	4
	每周一次到每月一次	3
	每月一次到每年一次	2
	一年以上时间一次	1

环 境 因 素 评 价 表

表M-2

序号	部门	活动/产品/服务	环境因素	环境因素类别																			环境影响	适用法律法规标准	资源/能源评价			污染排放				控制程度		现状		重要性
				污染										资源/能源/危险化学品				异常和紧急						基本无浪费	难节约	可节约	A 程度	B 关注	C 频率	D = ABC	可施加影响	可控制	基本受控	未受控	
				大气	水体	一般废物	危险废物	土壤	噪声	辐射	能量排放	电磁	其他	资源	能源	危险化学品	其他	火灾	爆炸	泄漏	其他														

附录 N 停工令及复工申请

表 N-1 停 工 令

编号：XX-SWO-LLL-NN

发 送	被停工单位/部门	停工时间	年 月 日 时
停工范围（包括区域、作业活动）：			
停工原因及依据：			
要求的纠正措施（复工条件）：			
编制人		日 期	年 月 日
审核人		日 期	年 月 日
批准人		日 期	年 月 日

注 XX-SWO-LLL-NN，其中 XX 表示项目代码，SWO 表示停工令，LLL 表示发出停工令的部门
代码，NN 表示停工令流水号。

表N-2 　　　　　　　　　 复 工 申 请

发　送	停工令发出单位/部门	申请单位	复工申请单位/部门

停工范围（包括区域、作业活动）：

整改计划执行情况：
描述：××单位，由贵方签发的××停工令（编号：XX-SWO-LLL-NN）要求的纠正措施已落实，经自查已具备复工条件，请予审核并批准复工。
需详细说明整改计划各项行动的实施和内部审查验证情况，可附表

申请复工时间：

申请复工范围：

□ 全面复工
□ 部分复工，范围为：_____

编制人：（签名/日期）　　　审核人：（签名/日期）　　　　　批准人：（签名/日期）

复工申请验证意见：
描述：简要说明在什么时间、由谁实施了验收工作，有哪些部门参与共同验证。

结论：
□ 解除SWO，同意复工。
□ 同意部分放行，放行区域/范围：
□ 不同意复工（需再次验证），具体意见：

验证人：（签名/日期）　　　审核人：（签名/日期）　　　　　批准人：（签名/日期）

附录 O 事件管理相关表单

O.1 重大未遂事件分类准则

满足下列条件的可确定为重大未遂事件（主要针对人身安全）：

1. 脚手架、起重机具、坑洞支护、模板支护、边坡、建筑物等坍塌可能造成人员伤亡的意外事件，如坍塌发生前人员及时撤离、躲避或不在现场，避免了人身伤亡事故的发生。

2. 高处落物可能造成人员伤亡的意外事件，如重物从高处落下，坠落点与人员距离较近，未造成伤害且一旦砸到人必定造成人身伤害。

3. 人员坠落（1.8m 及以上）未受伤的意外事件，如人员意外坠落，因保护设施起作用，或有缓冲等因素而避免了人员受伤。

4. 可能导致人员窒息、中毒的意外事件，如人员误入有窒息、中毒等危害的场所或进入负压空间等。

5. 可能导致人员触电的意外事件，如设备外壳带电、带电作业、误合隔离开关、起重设备误触高压线或感应带电等。

6. 可能引发火灾、爆炸的意外事件，如在存储易燃易爆物品、有易燃易爆气体泄漏风险区域、爆破装药区等场所违章动火作业、吸烟等。

7. 潜水作业导致人员被困，任何生命维持设备（包括控制面板、消防喉及呼吸器）的故障、损坏等。

8. 起重作业过程中，发生吊具断裂、吊物坠落（未伤人）、控制系统故障导致吊物悬空、吊臂碰撞等意外事件。

9. 在施工作业海域，发生人员从 1.8m 及以上落水（未伤亡）的意外事件。

10. 可能导致集体食物中毒的意外事件，如采购了有毒食物、提供变质食物、误食有毒食物等。

11. 高温、高压的水、气泄漏没有造成人员伤亡的事件。

12. 在已带电的设备上超范围作业或无许可作业。

13. 设施、设备的专设安全保护装置在非控制情况下被拆除，如格栅、盖板、围栏、竖梯、扶手、转动部分防护装置，且存在较大伤害风险的事件。

14. 作业中重要工具设备发生严重故障，如临时供电器具、脚手架、运输器具、电动/液压/手动工具、登高工具、个人防护用品等，且对作业人员存在较大伤害风险的事件。

15. 其他经专业人员认定为重大未遂的事件。

O.2 工业安全事件分类名称定义

1．高处坠落

由于危险重力势能差引起的伤害事故。适用于脚手架、平台、陡壁施工等高于地面的坠落，也适用于地面踏空失足坠入洞、坑、沟、升降口等情况。但排除以其他类别为诱发条件的坠落，如高处作业时，因触电失足坠落应定为触电事故，不按高处坠落划分。

2．物体打击

失控物体或介质的惯性力造成的人身伤害事故。如落物、滚石、锤击、碎裂、崩块、砸伤及高压介质泄漏等造成的伤害，不包括爆炸、主体机械设备、车辆、起重机械、坍塌等引发的物体打击。

3．消防

出现明火燃烧或阴燃，造成或可能造成人身伤亡、财产损失的企业消防事件。不适用于非企业原因造成的火灾，比如居民火灾蔓延到企业。

4．道路交通

机动车辆在道路行驶过程中引起的意外事件。包括机动车辆行驶过程中造成的人员伤害，机动车辆故障或行驶过程中侧翻、掉沟等非正常行驶事件，机动车辆间或与其他物发生碰撞、挤压。

5．机械伤害

机械设备和工器具引起的绞、辗、碰、割、戳、挤等伤害，机械设备和工器具故障可能造成人员伤亡或财产损失，以及机械设备和工器具检修过程中对人员造成或可能造成伤害的异常事件。如工件或部件飞出伤人，切屑伤人，手或身体被卷入，砂轮破碎，车辆检修伤人等。

6．起重事件

从事起重作业时引起的人员伤害，起重机械碰撞、侧翻或设备故障，吊物滑落以及其他非正常起吊等事件。包括各种起重作业（包括吊运、安装、检修、试验）中发生的重物（包括吊具、吊重或吊臂）坠落、夹挤、碰撞、物体打击、起重机倾翻、触电等事故。但不包括触电、检修时制动失灵引起的伤害、上下驾驶室时引起的坠落式跌倒。

7．用电事件

人员与带电设备直接或间接接触发生的触电或可能导致触电的事件，如挖破/断电缆、误操作电气设备、起重设备误触高压线或感应带电等事件。

8．调试事件

包括无许可作业、隔离失效、调试误操作等。

➢ 无许可作业：指在已移交调试的系统上，作业人员无许可作业或超范围作业，可能导致系统介质泄漏、设备损坏或人员伤害的情况。

➢ 隔离失效：指在已进行系统调试的设备上，隔离错误、隔离边界不完整或被破坏、隔离措施不到位等情况导致的无效隔离的情况。

➢ 调试误操作：指调试人员作业时，由于走错间隔、沟通失效、监护失效等原因导致误操作系统设备或错误设置系统参数的情况，如误碰启停机按钮、错误操作设备等。

9．淹溺

指人员落水导致或可能导致受伤、死亡的事件。适用于船舶、航行、停泊作业、海上风电作业、潜水作业、临水码头区域等发生的人员落水事件。

10．泄漏

指施工调试过程中，因设备故障、人员误操作、隔离失效等原因，导致系统介质发生泄漏，或有毒有害物质包装破损造成扩散，对人员、设备、环境造成不良影响的事件。不包括核泄漏和放射性物质泄漏。

11．跌绊

指行走或跑步时被凸起物、沟渠、孔洞、杂物等物体挡住或缠住，地面湿滑或注意力不集中导致人员摔倒，不适用于高处坠落事件。

12．坍塌

指建筑物、构筑物、堆置物等倒塌以及土石塌方引起的事件。适用于因设计或施工不合理而造成的倒塌，以及土方、岩石发生的塌陷事件。如建筑物倒塌，脚手架倒塌，钢筋墙倾倒，挖掘沟、坑、洞时土石的塌方等情况。不适用于因爆炸、爆破而引起的坍塌事故。

13．爆破事件

指爆破作业过程引发人员伤亡、财产损失或其他异常事件，包括爆破器材申领错误，未按指定线路运输，爆破警戒不全或误闯，爆破飞石击中人员、设备或建筑物，发现盲爆或残药处理不当等。

14．灼烫

指强酸、强碱溅到身体引起的灼伤，或因火焰引起的烧伤、高温物体引起的皮肤损伤等事故。适用于烧伤、烫伤、化学灼伤等伤害。不包括电烧伤以及火灾事故引起的烧伤。

15．中毒和窒息

中毒是指工作过程中人接触有毒物质、危险化学品、呼吸有毒气体等引起的人员伤害事件；窒息指因缺氧引起人员不适、晕倒，甚至死亡的事件。不适用于食物中毒、病理变化导致的中毒和窒息、慢性中毒的职业病。

表O-1　　　　　　　　　　　　　HSE 事件通告单

HSE 事件通告单（24 小时内）	
所在项目：＿＿＿＿＿＿＿	事件单位：＿＿＿＿＿＿＿＿
发生日期：＿＿＿＿＿＿＿	发生时间：＿＿＿＿＿＿＿＿
事发地点：	
□ 施工营地（建筑物：　　　　）	□ 施工现场（位置：　　　　）
□ 办公场所（位置：　　　　　）	□ 其他（说明：　　　　　　）
事件分类：□ 职业健康　□ 职业安全　□ 治安保卫　□ 环境污染　□ 自然灾害　□ 其他	
事件后果：	

□ 未遂（一般未遂、重大未遂）
□ 人员伤害（简单护理____人、医学处置____人、轻伤____人、重伤____人、死亡____人）
□ 财产损失（无、轻微、一般、较大、重大、特大）
□ 环境污染（无、一般、较大、重大、特大）

事件主体：

事件描述：

已采取的行动：

计划采取的行动及完成时限：

起草：_____ 审核：_____ 批准：_____

O.3　HSE 事件分级清单

1. 消防

- 消防事故：一次造成人员死亡 1 人及以上，或直接财产损失超过 300 万的火灾事故。

- 消防事件：出现明火燃烧，消防队出动灭火，且造成人员轻伤或重伤，或直接财产损失超过 100 万的火灾事故。

- 火险事件：发生阴燃或明火燃烧，造成或潜在造成人员伤亡、财产损失的情况。

2. 职业健康

- 食物中毒事故：就餐人员 5 人及以上同时就医，医院诊断为食物引发病症，且导致人员死亡或重伤的事故。

- 食物中毒事件：就餐人员 2 人及以上同时就医，医院诊断为食物引发病症而无人员伤亡的事件。

■ 公共卫生事件：出现 5 人以上被感染的传染病疫情。

3. 治安保卫

■ 治安保卫事故：在单位管辖区域内，导致 1 名人员重伤及以上的保卫治安事件。

■ 治安保卫事件：在单位管辖区域内，发生 5 人以上的集体上访、静坐、请愿、围堵、阻工、械斗等影响稳定的事件。

4. 环境污染

■ 环境污染处罚事件：公司受到政府行政执法机关处罚的环境污染事件。

■ 一般环境污染：因环境污染直接导致人员死亡或 10 人以下中毒或重伤的。

■ 较大环境污染：发生 3 人以上、10 人以下死亡；或者中毒（重伤）10 人以上、50 人以下；或者因环境污染造成跨地级行政区纠纷，使当地经济或社会活动受到影响。

■ 重大环境污染：发生 10 人以上、30 人以下死亡；或者中毒（重伤）50 人以上、100 人以下；或者区域生态功能部分丧失或濒危物种生存环境受到污染；或者因环境污染使当地经济、社会活动受到较大影响，疏散转移群众 1 万人以上、5 万人以下的；或者因环境污染造成重要河流、湖泊、水库以及沿海水域大面积污染；或县级以上城镇水源地取水中断的污染事件。

■ 特大环境污染：死亡 30 人以上，或者中毒（重伤）100 人以上，或者因环境事件需疏散、转移群众 5 万人以上，或者直接经济损失 1000 万元以上，或者区域生态功能严重丧失或濒危物种生存环境遭到严重污染，或者因环境污染而使当地正常的经济、社会活动受到严重影响，或者利用放射性物质进行人为破坏事件，或者因环境污染造成重要城市主要水源地取水中断的污染事故。

5. 自然灾害

■ 自然灾害事故：因自然灾害造成 1 人及以上死亡，或直接经济损失 300 万元以上的灾害事件，包括台风、暴雨、大风等自然灾害所造成的损失。

■ 自然灾害事件：因自然灾害造成 1 人及以上重伤，或直接经济损失 100 万元以上的灾害事件，包括台风、暴雨、大风等自然灾害所造成的损失。

6. 财产损失

■ 轻微财产损失：直接经济损失 5 万元以下的事件。

■ 一般财产损失：直接经济损失 5 万～50 万元的事件。

■ 较大财产损失：直接经济损失 50 万～100 万元的事件。

■ 重大财产损失：直接经济损失 100 万～300 万元的事件。

■ 特大财产损失：直接经济损失 300 万元以上的事件。

注：

1. 上述分级标准有关数量的表述中，"以上"含本数，"以下"不含本数；

2. 对于国家有特殊规定的事故分级标准依照相关规定执行，如特种设备事故等。

O.4　××××事件调查报告

一、概述

1．事件描述

说明事件基本信息，至少包括时间、地点、事发单位、事件类型、事件后果等。

2．调查组织

3．调查结果

说明事件对人员、财产、环境和声誉的影响，事件的责任性质等。

二、事件背景介绍

三、事件过程描述

1．事件示意图及相关照片

2．事件时序

四、事件原因分析

1．直接原因

2．间接原因

3．根本原因

五、纠正措施

六、附件

附 录 P 应 急 预 案 模 板

P.1 综合应急预案模板

编号：

版本：

××海上风电公司

××项目

综合应急预案

编写：

审查：

批准：

存放位置：

编号	组织名称	地点

分发（无附件）

编号	组织名称

××年××月××日

一、总则

1. 编制目的

简述应急预案编制的目的。

2. 编制依据

……

简述应急预案编制所依据的法律、法规、规章、标准和规范性文件以及相关应急预案等。

3. 适用范围

……

说明应急预案适用的工作范围和事故类型、级别。

4. 应急预案体系

……

说明海上风电项目部应急预案体系的构成情况，可用框图形式表述。

5. 应急工作原则

说明海上风电项目部应急工作的原则，内容应简明扼要、明确具体。

二、事故风险描述

……

简述海上风电项目存在或可能发生的事故风险种类、发生的可能性以及严重程度及影响范围等。

三、应急组织机构及职责

……

明确海上风电项目部的应急组织形式及组成单位或人员，可用结构图的形式表示，明确构成部门的职责。应急组织机构根据事故类型和应急工作需要，可设置相应的应急工作小组，并明确各小组的工作任务及职责。

四、预警及信息报告

1. 预警

……

明确预警的条件、方式、方法和信息发布的程序。

2. 信息报告

……

● 信息接收与通报

明确24小时应急值守电话、事故信息接收、通报程序和责任人。

● 信息上报

明确事故发生后向上级主管部门、上级单位报告事故信息的流程、内容、时限和责任人。

● 信息传递

明确事故发生后向本单位以外的有关部门或单位通报事故信息的方法、程序和责任人。

五、应急响应

1．响应分级

……

针对事故危害程度、影响范围和生产经营单位控制事态的能力，对事故应急响应进行分级，明确分级响应的基本原则。

2．响应程序

……

根据事故级别的发展态势，描述应急指挥机构启动、应急资源调配、应急救援、扩大应急等响应程序。

3．处置措施

……

针对可能发生的事故风险、事故危害程度和影响范围，制订相应的应急处置措施，明确处置原则和具体要求。

4．应急结束

……

明确现场应急响应结束的基本条件和要求。

六、信息公开

……

明确向有关新闻媒体、社会公众通报事故信息的部门、负责人和程序以及通报原则。

七、后期处置

……

主要明确污染物处理、生产秩序恢复、医疗救治、人员安置、善后赔偿、应急救援评估等内容。

八、保障措施

1．通信与信息保障

明确可为应急组织提供应急保障的相关部门及人员通信联系方式和方法，确保应急期间信息通畅。

2．应急队伍保障

明确应急响应的人力资源，包括消防、专业应急队伍、兼职应急队伍等。

3．物资装备保障

明确应急物资和装备的类型、数量、性能、存放位置、运输及使用条件、管理责任人及其联系方式等内容。

4．其他保障

根据应急工作需求而确定的其他相关保障措施（如经费保障、交通运输保障、治安保障、技术保障、医疗保障、后勤保障等）。

九、应急预案管理

1．应急预案培训

……

明确应急预案培训计划、方式和要求，使有关人员了解相关应急预案内容，熟悉应急职责、应急程序和现场处置方案。如果应急预案涉及社区和居民，要做好宣传教育和告知等工作。

2．应急预案演练

……

明确不同类型应急预案演练的形式、范围、频次、内容以及演练评估、总结等要求。

3．应急预案修订

……

明确应急预案修订的基本要求，并定期进行评审，实现可持续改进。

4．应急预案备案

……

明确应急预案的报备部门，并进行备案。

5．应急预案实施

……

明确应急预案实施的具体时间、负责制定与解释的部门。

十、附件

（1）有关应急部门、机构或人员的联系方式。

（2）应急物资装备的名录或清单。

（3）应急信息报送规范化格式文本。

（4）关键的路线、标识和图纸。

（5）有关协议或备忘录。

P.2　专项应急预案模板

编号：

版本：

××海上风电公司

××项目

××专项应急预案

编写：

审查：

批准：

存放位置：

编号	组织名称	地点

分发（无附件）

编号	组织名称

××年××月××日

一、事故风险分析

······

针对可能发生的事故风险，分析事故发生的可能性以及严重程度、影响范围等。

二、应急指挥机构及职责

······

根据事故类型，明确应急指挥机构总指挥、副总指挥以及各成员单位或人员的具体职责。应急指挥机构可以设置相应的应急救援工作小组，明确各小组的工作任务及主要负责人职责。

三、处置程序

······

明确事故及事故险情信息报告程序和内容、报告方式和责任等。根据事故响应级别，具体描述事故接警报告和记录、应急指挥机构启动、应急指挥、资源调配、应急救援、扩大应急等应急响应程序。

四、处置措施

······

针对可能发生的事故风险、事故危害程度和影响范围，制订相应的应急处置措施，明确处置原则和具体要求。

五、附件

（1）有关应急部门、机构或人员的联系方式。

（2）应急物资装备的名录或清单。

（3）应急信息报送规范化格式文本。

（4）关键的路线、标识和图纸。

（5）有关协议或备忘录。

P-3　现场处置方案模板

编号：
版本：

××海上风电公司
××项目
××现场应急处置方案

编写：

审查：

批准：

存放位置：

编号	组织名称	地点

分发（无附件）

编号	组织名称

××年××月××日

一、事故风险分析

⋯⋯

此处描述事故类型；事故发生的区域、地点或装置的名称；事故发生的可能时间、

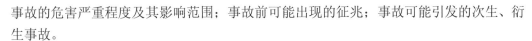

事故的危害严重程度及其影响范围；事故前可能出现的征兆；事故可能引发的次生、衍生事故。

二、应急工作职责

……

明确各岗位人员的应急工作分工和职责。

三、应急处置

……

（1）事故应急处置程序。根据可能发生的事故及现场情况，明确事故报警、各项应急措施启动、应急救护人员的引导、事故扩大及同生产经营单位应急预案的衔接的程序。

（2）现场应急处置措施。针对可能发生的火灾、爆炸、危险化学品泄漏、坍塌、水患、机动车辆伤害等，从人员救护、工艺操作、事故控制、消防、现场恢复等方面制定明确的应急处置措施。

（3）明确报警负责人以及报警电话及上级管理部门、相关应急救援单位联络方式和联系人员，事故报告基本要求和内容。

四、注意事项

描述体系注意事项。

五、附件

（1）有关应急部门、机构或人员的联系方式。

（2）应急物资装备的名录或清单（如有）。

（3）应急信息报送规范化格式文本（如有）。

（4）关键的路线、标识和图纸（如有）。

附：彩色表

表 8-4   风 险 等 级 评 价

潜在后果等级		可能性等级				
		1	2	3	4	5
		不太可能	可能	很可能	非常可能	几乎肯定
1	轻微	1（1×1）	2（1×2）	3（1×3）	4（1×4）	5（1×5）
2	轻度	2（2×1）	4（2×2）	6（2×3）	8（2×4）	10（2×5）
3	重度	3（3×1）	6（3×2）	9（3×3）	12（3×4）	15（3×5）
4	严重	4（4×1）	8（4×2）	12（4×3）	16（4×4）	20（4×5）
5	灾难	5（5×1）	10（5×2）	15（5×3）	20（5×4）	25（5×5）